食物と健康の科学シリーズ

# 小麦の機能と科学

長尾精一
［著］

朝倉書店

# はじめに

　小麦は世界中で生産され，トウモロコシに次いで生産量が多い穀物で，世界中の人々にとって重要なエネルギー源である．製粉（一次加工）して得られる小麦粉はパン，めん，菓子などさまざまな食品や各種の料理に加工（二次加工）して消費され，ふすまは飼料用として利用される．食用消費量の多さと多様な食べ方が可能なことから，「穀物の中の王者」的存在である．小麦成分の1つのタンパク質は水を加えて捏ねると独特の粘弾性を持つグルテンになるので，小麦粉の用途はとても広い．

　地域と品種によって生産される小麦の品質（特にグルテンの量と性状）には差があり，それぞれに応じた食べ方が工夫されて消費されてきたが，近年，国際交流が盛んになると，小麦粉食品が食のグローバル化の先兵の役を果たし，食生活の多様化と向上に貢献してきた．

　穀物の成分や機能を究め，二次加工適性との関連を調べることによってそれらの有効活用を模索して，人類の健康と豊かな食生活に貢献することを目指すのが「穀物科学技術」である．再生可能な資源である穀物について，いろいろな分野の科学者，技術者，医学関係者，産業人，為政者，消費者などがそれぞれの立場で参画して行う実学ともいえるもので，その中心になっているのは小麦である．欧米では20世紀はじめにアメリカ合衆国で発足した「穀物化学者協会（AACC）」から発展してきたAACC InternationalとICC（国際穀物科学技術協会）が中心になって研究や技術開発が行われてきたが，日本のそれらの歴史はわずか50年ほどである．筆者は小麦の素晴らしい特性に魅せられて，世界の小麦を調査し，その成分と二次加工適性の関係を研究するかたわら，諸外国の多くの科学者，技術者とも交流を重ね，日本のこの分野の急速な進歩を微力ながら世界に発信してきたつもりである．現在では研究者や技術者が増え，世界レベルに達したことは嬉しい限りである．

　長年にわたって肌身に感じてきた小麦の魅力について関心を持たれる多くの

方々にお伝えしたく，小麦そのものからそれが消費されるまでの全分野についてまとめた．わかりやすく記述するよう心がけたが，最新の知見の説明ではやや難しい部分があることをご了承願いたい．また，細心の注意を払って記述したつもりだが，勉強不足や思い込みから間違った記述があるかもしれない．あしからずご容赦いただきたい．

　おわりに，貴重な資料，写真，文献などを快くご提供くださった方々に深く感謝申し上げるとともに，本書の企画から編集，校正を経て出版に至るまで，多大のご尽力をいただいた朝倉書店の方々に厚く御礼申し上げたい．

　2014年8月

長尾精一

# 目　　次

1. 小　　麦 ……………………………………………………………… 1
   1.1　小麦とその活用の歴史 ………………………………………… 1
      1.1.1　小麦で原始人の食生活が変化 ……………………………… 1
      1.1.2　小麦の地位向上と発酵パンの始まり ……………………… 2
      1.1.3　小麦粉が食生活の主役に …………………………………… 4
      1.1.4　さらに広い小麦の用途 ……………………………………… 6
   1.2　植物としての小麦 ……………………………………………… 6
      1.2.1　植物学的分類，栽培種，および生育上の特性 …………… 6
      1.2.2　育種技術と育種の方向 ……………………………………… 9
      1.2.3　生長過程と栽培技術 ………………………………………… 10
      1.2.4　小麦粒の物理特性と内部構造 ……………………………… 12
      1.2.5　小麦粒と各部位の成分組成 ………………………………… 16
   1.3　商品としての小麦 ……………………………………………… 18
      1.3.1　特徴による分類 ……………………………………………… 18
      1.3.2　銘柄と等級 …………………………………………………… 20
      1.3.3　製粉用小麦に求められる品質 ……………………………… 20
      1.3.4　生産，流通，消費 …………………………………………… 22
      1.3.5　国内産小麦 …………………………………………………… 24
      1.3.6　おもな外国産小麦 …………………………………………… 26
      1.3.7　貯蔵・流通中の品質変化 …………………………………… 34
   1.4　品質評価法 ……………………………………………………… 38
      1.4.1　品質評価前の準備 …………………………………………… 38
      1.4.2　物理性状と健全度 …………………………………………… 38
      1.4.3　成　　分 ……………………………………………………… 41
      1.4.4　製粉性と小麦粉の品質 ……………………………………… 44

1.5 小麦粒主要成分の科学 ································································46
　1.5.1 タンパク質 ·······················································································46
　1.5.2 炭水化物 ·························································································56
　1.5.3 脂　質 ···························································································62
　1.5.4 水　分 ···························································································66
1.6 小麦粒微量成分の科学 ································································66
　1.6.1 酵素と酵素インヒビター ···················································66
　1.6.2 ビタミン ·························································································71
　1.6.3 ミネラル ·························································································72
　1.6.4 その他の微量成分 ····················································································73
1.7 栄養と健康への小麦の貢献 ································································74
　1.7.1 エネルギー源として ·························································75
　1.7.2 各成分の役割 ··························································································75
　1.7.3 食生活での役割 ······················································································79

## 2. 製粉の方法と工程（小麦の一次加工） ································································84

2.1 原料の調達，前処理，配合 ································································84
　2.1.1 原料調達と精選 ······················································································84
　2.1.2 調質と配合 ···························································································86
2.2 粉砕とふるい分け ································································87
　2.2.1 小麦製粉の仕組み ····················································································87
　2.2.2 ロールの役割 ··························································································88
　2.2.3 挽砕工程 ·························································································89
2.3 精製と製品化 ································································91
2.4 工程管理と品質検査 ································································92
2.5 ふすま除去による製粉と全粒粉の製造 ································································93
2.6 製粉技術の今後 ································································93

## 3. 小麦粉と製粉製品 ································································95

3.1 小　麦　粉 ································································95

3.1.1　種類と品質 …………………………………… 95
　　3.1.2　特　性 ………………………………………… 98
　　3.1.3　貯　蔵 ………………………………………… 103
　　3.1.4　衛生品質と安全性 …………………………… 104
　3.2　品質評価法 ………………………………………… 108
　　3.2.1　物理性状 ……………………………………… 108
　　3.2.2　成　分 ………………………………………… 109
　　3.2.3　グルテン ……………………………………… 110
　　3.2.4　生地のレオロジー性状 ……………………… 110
　　3.2.5　糊化性状 ……………………………………… 113
　　3.2.6　加工適性 ……………………………………… 115
　3.3　生地の性状と機能 ………………………………… 120
　　3.3.1　ミキシング中の変化 ………………………… 120
　　3.3.2　発酵中の生地レオロジー …………………… 122
　　3.3.3　焼成中の生地変化 …………………………… 124
　3.4　胚芽とふすま ……………………………………… 127
　　3.4.1　胚　芽 ………………………………………… 127
　　3.4.2　ふすま ………………………………………… 129

## 4.　小麦粉の加工（小麦の二次加工） ………………… 133
　4.1　パ　ン ……………………………………………… 133
　　4.1.1　種類と特徴 …………………………………… 133
　　4.1.2　原材料の種類と品質 ………………………… 137
　　4.1.3　製　造 ………………………………………… 139
　4.2　め　ん ……………………………………………… 144
　　4.2.1　種類と特徴 …………………………………… 144
　　4.2.2　原材料の種類と品質 ………………………… 146
　　4.2.3　製　造 ………………………………………… 148
　　4.2.4　規格と表示制度 ……………………………… 152
　4.3　菓　子 ……………………………………………… 152

4.3.1　小麦粉系菓子の種類と特徴……………………………………152
　4.3.2　原材料の種類と品質……………………………………………155
　4.3.3　製　　造…………………………………………………………158
4.4　調　　理………………………………………………………………163
　4.4.1　てんぷら…………………………………………………………163
　4.4.2　ムニエルとフライ………………………………………………164
　4.4.3　ルーとソース……………………………………………………165
　4.4.4　クスクス…………………………………………………………165
　4.4.5　小麦粉が素材のその他の調理…………………………………166
4.5　その他の加工品………………………………………………………166
　4.5.1　プレミックス……………………………………………………166
　4.5.2　フラワーペースト………………………………………………169
　4.5.3　パン粉……………………………………………………………169
　4.5.4　デンプンとグルテン……………………………………………170
　4.5.5　麩…………………………………………………………………171
　4.5.6　合板用接着剤……………………………………………………171
　4.5.7　その他……………………………………………………………172
4.6　小麦粉加工品の今後…………………………………………………172

索　　引……………………………………………………………………175

# 1 小麦

### ❧ 1.1 小麦とその活用の歴史 ❧

#### 1.1.1 小麦で原始人の食生活が変化
**a. 野生小麦から小麦栽培へ**

　原始人は野生の小麦や大麦の種子を採取し,果物,木の実,種子,草などと食べた.現在でも,トルコ東部からイラク北部を中心に,ギリシア,シリア,イラン,クリミア半島にかけて野生の一粒小麦が残っている.イランのザグロス山脈周辺で,野生の一粒小麦とクサビ小麦が自然交雑して雑種ができ,染色体倍加を起こして4倍体ができたと推定され,後にそれらが分化して,2つの4倍性野生種(パレスチナ小麦とアルメニア小麦)ができた(西川,1977).

　小麦や大麦は多く食べてもお腹に安心だったが,野生の種子を探し,採集するのはたいへんだった.種子を特定の場所に播き,収穫することをおぼえたことで,人々の生活は変わった.1万〜8500年前の先土器新石器時代には野生と栽培した麦の両方を,小麦と大麦の区別なく豆や雑穀と混ざった状態で石と石の間に挟んで砕き,食べていた.肥沃な三日月地帯東端(ザグロス山脈丘陵地帯)の新石器時代遺跡から,黒焦げのエンマー小麦種子が見つかった.これまで同地帯西端(現在のシリア北部)での発見のみだったが,考えられていた以上に広域で栽培されており,今から9800年前に栽培タイプのエンマー小麦があったことがわかった.石臼や調理道具も見つかり,定住していたと推定される(World Grain, 2013).土器が使われ始めた紀元前6500年頃には,乾燥した土地でも栽培でき,収量も多い大麦の方が好まれて栽培された.

　小麦栽培は紀元前6000〜5000年に山岳地帯から平野へ移動し,メソポタミア

図1.1 サドルカーン（長尾，1994）

平原から地中海沿岸へ拡がり，エジプトにも達した．紀元前4000年頃，トルコからドナウ川流域やライン渓谷に拡がり，紀元前3000～2000年に他のヨーロッパ大陸，イギリス，イラン高地などにも伝わった．中国へは紀元前2000年頃におもにチベット経由で，一部はロシア経由で伝えられた．日本へは4～5世紀に朝鮮半島経由で伝わったと推定され，アメリカ大陸へは17世紀に，オーストラリアへは18世紀に伝わった（瀬古，1995）．

b. おかゆからパンへ

人類は麦を粉にして食べてきた．粉の方が調理や加工がしやすく，おいしくて消化も良い．はじめは石と石でこする粗挽きだったが，都合がよい形の石を探し，こすり方も工夫した．紀元前3000年頃の古代エジプト時代に，サドルカーン（サドルは鞍，カーンは石臼）（図1.1）という粉挽き専用の平らな大きな石がつくられた．その上にひざをついて座り，全体の3分の2くらいのところに麦をのせ，細長い棒状の石を両手で握って体重をかけながら前後運動を繰り返す．座るところの前が少し高く，麦に圧力を加えやすかった．すりつぶすと，手前にすり残しが，むこうに粉がたまる．古代エジプト時代には木の幹でつくった乳鉢と木製の乳棒も使われた．粗挽きした粉を土器で煮るか，水を加えて捏ねて焼いた．おかゆは大麦の方がさらっとしていて好まれ，焼いたものはどれも硬かった．

### 1.1.2 小麦の地位向上と発酵パンの始まり

a. 石臼による粉挽きと発酵パンの発見

石臼の改良で外皮を除いた比較的きれいな粉ができると，小麦の粉の方がおいしいパンになり，いろいろな食べ方ができた．エジプト，インド，中国などでは

ある時期から大麦でなく小麦を食べるようになり，大麦と小麦の地位が逆転した．

パンづくりは古代エジプトで進歩した．あるとき，小麦の粉に水を加えて捏ねた生地を放置しておくと，暑いので大きく膨らみ，泡が吹き出して腐ったようになった．いたずら心からオーブンで焼くと，香ばしくておいしいパンになった．発酵パンの始まりである．発酵によって小麦の粉がよく膨らむことがわかると，小麦がだんぜん有利になって，主役の交代が決定的になった．パンを発酵でつくるようになってから興ったギリシア，ローマ，西ヨーロッパなどの文明には大麦の時代はなく，いきなり小麦を食べることから始まった．

**b. 製粉方法の改良**

今のトルコのあたりに紀元前 1270～750 年頃栄えた古代王国ウラルトゥの遺跡から，最古の回転式石臼のロータリーカーンが発見された．円形の 2 つの石臼を上下に 2 つ重ねて，中心の軸の周りに回転させるものだった（三輪，1975）（図 1.2）．ローマ時代に粉挽きが職業になり，石臼が改良され，奴隷や家畜を使って粉がたくさんつくられた．紀元前 100 年頃ギリシアで水車製粉工場がつくられ，600 年頃にはオランダやイギリスで風車製粉工場が発達した．17 世紀のフランスで，石臼で挽いて粗い部分をふるい分け，再び挽いて粗い部分をふるい分けることを繰り返す段階式製粉が始まった．

1884 年にイギリスのウエストミンスターにつくられた製粉工場は蒸気機関を動力とし，石臼が 30 も並ぶ大規模なものだった．アメリカ合衆国（以下，合衆国）でも石臼を使ったが，装置間の搬送にはエレベーターやコンベヤを採用した．1854 年に合衆国でピュリファイヤーが考案され，ふすまの細片を風選で分別して品質が良い小麦粉ができるようになると，その小麦粉はパテント粉と呼ばれて

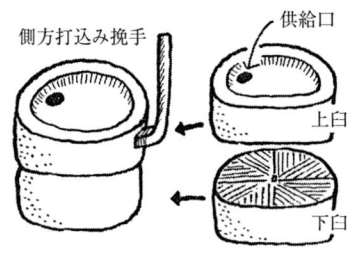

図 1.2　ロータリーカーン（長尾，1994）

珍重された．ロール式製粉機はイタリアで最初につくられ，ハンガリーで1820年代に試験使用されて，1833年建設のスイスの工場に石臼と併用で採用された．1870年ころオーストリア人がロール製粉機だけを用いた工場を作ると，大規模な製粉工場が次々と建設され，品質が良い小麦粉が大量生産された．それ以外の工程にも新しい設備や技術が順次導入され，現在ではコンピューター制御の衛生面の配慮が行き届いた自動化製粉工場が多くある．

### c. 製パン方法の改良

紀元79年8月24日，イタリア南部のベスビオ火山が大噴火して古代都市ポンペイが埋まった．この遺跡の発掘で，紀元前6世紀に興り，ローマ帝国の支配下で発展したこの古代都市での粉挽きとパン食生活をしのばせるものが出土した．馬やロバを使って動かしたと思われる石臼とパン焼き用オーブンが同じ部屋に置かれていた．固い石を積み重ねたオーブンは平らな火床の上に円形の屋根を組み合わせてあり，火をたくとオーブン全体に熱がこもり，屋根も十分熱くなるので，灰を取り出して熱せられた空気でパンを焼いた．

紀元前5～4世紀の古代ギリシアでは，はじめは火や灰の中に生地を直接入れてパンを焼いたが，小麦をエジプトや黒海沿岸から買うようになるとパン製法やオーブンもエジプトから伝えられた．その後，ギリシア人が改良し，ローマ帝国に伝えて，近代製パン法の基礎になった．酵母が培養されたのもこの時代で，生地発酵が安定するようになった．

## 1.1.3 小麦粉が食生活の主役に

### a. 世界中に広まった小麦粉加工食品

小麦粉のタンパク質がグルテンになる性質を活用して，多種類の食品や料理をつくることができる．国や地域で加工法，食べ方，嗜好はさまざまである．タンパク質が多い小麦の産地では膨らむパンが，硬質系だがタンパク質が少なめのドイツやフランスでは膨らみが少ない独特のパンがつくられた．各地の人々の嗜好に合う菓子パン類も生まれた．インド，中国，日本，メキシコなどのタンパク質が多くなくて中間質から準硬質小麦の産地では，チャパティ，ナン，めん，まんじゅう，トルティーヤなどの膨らみを必要としない食品が生まれた．その土地でできる小麦をおいしく食べようと先祖代々の人々が工夫，努力し，改良を重ねて

きた結果が，今日各地にある小麦粉加工食品だといえる．

　小麦は世界中で作られ生産量も1年に約7億tになり，そのうち約4.7億tが食用として消費されるようになった．貿易量も約1.4億tに増え，使える小麦の種類や品質が拡がった．小麦粉加工食品やその情報も国際交流され，小麦粉利用法も幅広く研究されている．とはいえ，その土地で使える小麦の種類や品質は限られ，生活様式や長い間に形成された嗜好によって，それぞれの土地の小麦粉加工食品の種類や品質には特徴がある．

### b.　日本では食生活の新しい主役に

　弥生式文化の中末期には小麦が作られていた．4世紀の大和政権時代には玄米とともに麦も主食で，8世紀には朝廷が小麦作を奨励した．万葉集にも小麦という文字がある．めんが中国から伝来したのは飛鳥朝時代で，室町時代の書物には碁子麺（きしめん），饂飩（うどん），索麺（そうめん）などが記されている．当初は点心と呼ばれて僧侶の間食だったが，茶の湯の普及とともに一般の人も食べるようになった．室町時代から安土桃山時代にかけての頃に人々の嗜好に合うように変化し，日本独特のめんに育っていった．

　8世紀に遣唐使たちが唐菓子を持ち帰った．まんじゅうは鎌倉時代初期に生まれ，小麦粉せんべいは江戸時代に登場した．室町時代にポルトガルやオランダからカステイラ，ボーロ，コンペイトウ，カルメラ，ビスカトウ，アルヘイトウなどの南蛮菓子と呼ばれた菓子が入ったが，キリスト教への弾圧で製法はひそかに伝えられ，日本人の好みに合うように少しずつ変化した．今川焼きやたい焼きは江戸時代に登場した．

　室町時代末期に南蛮人宣教師がパンをもたらし，江戸時代に一部でつくられたがあまり普及しなかった．1872（明治5）年に東京銀座で木村安兵衛があんパンを売り出した．酒種（さかだね）でつくった生地であずきあんを包んで焼いたもので，和洋融合の作品だった．明治30年代の終わりにはジャムパンやクリームパンが売り出された．明治時代，外国人と接した人々の間でパン食熱が高まり，東京，横浜，神戸などにパン屋が開店した．大正，昭和へとパンの消費は少しずつ増え，1935（昭和10）年にパンに使われた小麦粉は約7万tだった．太平洋戦争後の食料不足時代のコッペパンや学校給食パンによって，パンは本格的に日本人の生活のなかに入ってきた．1955（昭和30）年以降の生活の洋風化で，小麦粉加工食品の

消費が大きく伸びた．現在，日本人1人が1年間に小麦粉を平均で約33kg消費し，欧米の人たちの量には及ばないが，米という主食がある食生活のなかで確固たる地位を築いたといえる．

この60年ほどで日本人は小麦粉の利用法，食べ方を知った．豊かになった副食に合う小麦粉加工食品や料理への需要が高まり，小麦粉食品の種類は世界でも最も多いと思われる．おいしさ，多様性，簡便さ，ファッション性，健康への貢献などが食に求められ，外食の機会も増えて，多様な小麦粉加工食品が食生活にがっちり組み込まれた．脇役と思われていた小麦粉が，食生活を豊かにする主役になった．

### 1.1.4　さらに広い小麦の用途

小麦は飼料用としても年に1.2〜1.5億t消費される．雨害などで食用に適さないものが使われるケースが多い．栄養価が高いので，価格次第で消費量が増える．小麦ふすまも飼料用で，皮に近い部分の粉（末粉）は飼料と工業用（合板の接着など）に使われる．

小麦は醤油の原料としても使われ，粉砕してシリアルの原料にもなる．バイツェンビールは小麦から作られ，通常のビールや発泡酒の原料にも配合できる．小麦の焼酎，小麦のワインも作られている．

## ❧　1.2　植物としての小麦　❧

### 1.2.1　植物学的分類，栽培種，および生育上の特性
#### a.　植物学的分類と染色体数

小麦はイネ科（Gramineae）植物で，コムギ族（Triticeae）のコムギ属（*Triticum*）に分類される．ライ小麦はコムギ属の小麦とライムギ属のライ麦の属間交配でつくられた初の人工穀物で，両者の中間的な特性を持つ（図1.3）．

小麦には基本的な生命現象を営むのに必要な遺伝子が7本1組の染色体に分かれて座乗する．このような7本の遺伝子の組合せがゲノムで，生物体として機能するには1ゲノムのすべての遺伝子が働く必要がある．小麦はゲノムのタイプ（A, B, C, D, Gで表す），数，組合せによって4つに大別される．小麦の穂軸に

1.2 植物としての小麦

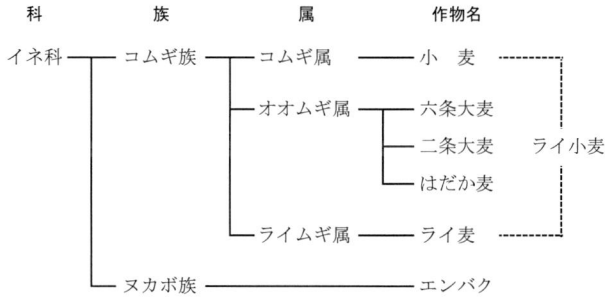

図 1.3 麦類の植物学的分類（長尾，1994）

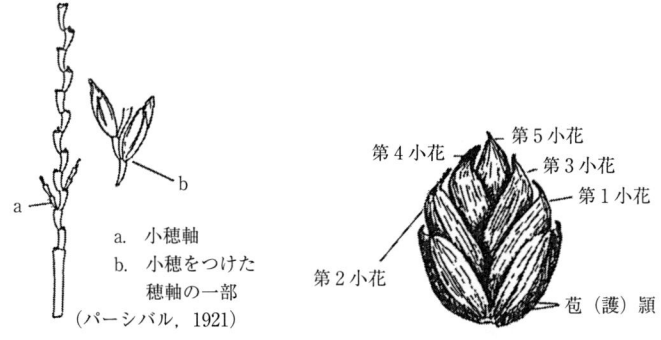

a. 小穂軸
b. 小穂をつけた穂軸の一部
（パーシバル，1921）

図 1.4 小麦の小穂軸と小穂（西川ほか，1977）

は波状に約 20 の節があり，各節に小穂が付く．小穂の根元には短い小穂軸があり，その上に交互に小花がいくつか付き，その一部が稔実する（図 1.4）（西川，1977）．1 小穂に 1 粒稔実するのが一粒系で，A ゲノムを 2 つ（AA）持つので 2 倍体という．2 粒稔実するタイプが二粒系で，A と B ゲノムを 2 つずつ（AABB）持つので 4 倍体である．3 粒以上稔実するタイプが普通系で，A, B, D ゲノムを 2 つずつ（AABBDD）持つので 6 倍体である．木原均博士がコーカサスで発見したチモフェービ系（AAGG）という有稃（種実が穎に包まれる原始的タイプ）の 4 倍体もある．小麦の体細胞の染色体数は一粒系が $7 \times 2 = 14$，二粒系とチモフェービ系が $7 \times 4 = 28$，普通系が $7 \times 6 = 42$ である．

進化の過程で野生型から栽培型が分化した．野生型は成熟種子が外皮から離れにくい皮性だが，栽培型には皮性と外皮が離れやすい裸性がある．栽培型にはスペルト小麦のような有稃種もあるが，大部分は裸種である．小穂軸下部の外穎

および内頴に沿って硬い毛が着生し，外頴先端に芒(のぎ)があるものが有芒種だが，普通系は有芒でも短いものが多い．

**b. おもな栽培種**（表1.1）

**1) 一粒系小麦**

世界最古の栽培種の一粒(ひとつぶ)小麦（*Triticum monococcum*）が，小アジアとクリミア地区の一部で少量栽培されている．

**2) 二粒系小麦**

エンマー小麦（*T. dicoccum*）は古くヨーロッパやエジプトで栽培されたが，現在ではわずか残るだけで，飼料用である．リベット小麦とも呼ばれるイギリス小麦（*T. turgidum*）はイギリスで栽培されたが，イベリア半島，イタリア，トランスコーカサスの一部に残存するだけになった．軟質の大粒で，パン適性は低い．ポーランド小麦（*T. polonicum*）は17世紀に他の栽培種からでき，ポーランドで栽培されたが，地中海沿岸にわずか残存する．肥沃な土壌を好み，細長い大粒の春播性硬質小麦だが，タンパク質が少なくパン適性は低い．デュラム小麦（*T. durum*）はマカロニ小麦とも呼び，比較的乾燥した気候に適し，地中海沿岸，トルコ，CIS諸国，中央アジア，北米，オーストラリア，アルゼンチンなどで栽培される．粒が硬く，胚乳に黄色色素が多い．特有の性質のタンパク質を含み，パスタに適する．

**3) 普通系小麦**

栽培小麦のほとんどは普通系の普通小麦（*T. aestivum*，旧称 *T. vulgare*）で，

表1.1　コムギ属のおもな栽培種（長尾，1995）

| | ゲノム式 | 染色体数 | 種名 | 普通名 |
|---|---|---|---|---|
| 一粒系<br>(2倍体) | AA | 14 | *Triticum monococcum* | 一粒小麦 |
| 二粒系<br>(4倍体) | AABB | 28 | *T. dicoccum*<br>*T. durum*<br>*T. polonicum*<br>*T. turgidum* | エンマー小麦<br>デュラム小麦<br>ポーランド小麦<br>イギリス小麦（リベット小麦） |
| 普通系<br>(6倍体) | AABBDD | 42 | *T. aestivum*<br>（旧称：*T. vulgare*）<br>*T. compactum*<br>*T. spelta* | パン小麦（普通小麦）<br>クラブ小麦<br>スペルト小麦 |

パン小麦とも呼ぶ．優れた品質で環境に適応性がある品種が次々と生まれ，パン，めん，菓子，料理など用途が広い．クラブ小麦（*T. compactum*）は小アジアかエジプトで普通小麦から突然変異で生じたと考えられる．合衆国のワシントン州とオレゴン州，オーストラリアの西オーストラリア州で少量栽培され，軟質白色粒で，ずんぐりした粒形である．タンパク質が少なくソフトなので，菓子用として評価が高い．スペルト小麦（*T. spelta*）は脱穀がやや面倒で野生種に近い．飼料用としてスペイン，フランス，ドイツなどでつくられていたが，古代穀物ブームで有機栽培小麦の全粒粉パンが注目され，生産が増えている．

**c. 生育上の特性**

播性（播いた種子が発芽後生育して穂を出すまでに低温にどの程度の日数さらされる必要があるか）は差が大きく，秋播の最も強いもの（播性VII）と春播性（播性I）がその両極端である．播性VIIは発芽後に60〜70日間，4〜5℃の低温でないと穂を出さないが，播性Iは低温でなくても穂を出す．播性程度は低温にさらされる最少日数で測り，播性IIは15〜30日である．春播きには播性Iの品種を用いる．播性VIIの品種は寒さへの抵抗力が強い．温かい所で11〜12月に播くには，秋播性程度が低い品種が適する．

光の周期に反応する性質が光周性である．小麦は明るい時間が14時間以上で出穂が促進され，催花する長日植物だが，光周期に敏感に反応する品種から明期の長さに関係なく催花する中性のものまである．高緯度地区で栽培される品種は光周性が強く，低緯度地区のそれは中性に近い．小麦の早生と晩生は播性と光周性で決まる．

### 1.2.2 育種技術と育種の方向

育種（品種改良）とは生物の遺伝的素質改良を目的とした人間の営みであり，交配や突然変異の利用，不良形質保因個体の淘汰などによって行われる．小麦における育種目標は，たとえば高収量，耐病性，ストレス耐性（酸性土壌，塩分，高熱や水分の不足・過剰などに対し），耐倒伏性（コンバインで刈りやすい），成分や機能性の改良（栄養分や二次加工性を高める），などである．

近年では目標の形質を支配する遺伝子（座）の特定や機能の解明が進み，それらを標識する「DNAマーカー」を利用した育種が可能になっている．また，「2

倍半数体」（半数体をコルヒチン処理により倍加させ作成した，すべての遺伝子がホモ接合となった胚）を用いることで，選抜の効率がアップし，異なる種間の幅広い交配も容易となった．

こうした技術の活用によって，たとえば小麦と近縁だが別属の雑草 *Aegilops tauschii*（goat grass）の遺伝子を組み合わせて合成の6倍体をつくり，*Ae. tauschii* 由来の耐病性・ストレス耐性などをこれに移すことができる．この手法では改変したくない小麦のゲノムは無傷で保持することができ，さらに新しく導入された遺伝子が保持された小麦ゲノム中の対立遺伝子と積極的に相互作用し合うなら，ゲノム間雑種強勢が起こることもありうる．

最初の繁殖力がある遺伝子組換え小麦が報告されたのは1992年で，これは除草剤耐性が付与されたものである．この形質転換は，小麦の未熟な胚に除草剤耐性をもたらす遺伝子（DNA）をコーティングした金属粒子を外部から打ち込む手法（遺伝子銃法）で行われたが，その後遺伝子導入の運び手（ベクター）としてアグロバクテリウムという細菌を用いるシステムなども開発され広く用いられている．除草剤耐性のほかに，タンパク質やデンプンの修飾，栄養価値向上，耐病性向上，水利用効率改良，旱魃や高温耐性向上などへの形質変換も研究されている．遺伝形質転換小麦の栽培と使用は世界の多くの国で消費者感情とも絡む微妙な問題で，安全性の確認とそれの周知徹底が求められるが，食糧問題とも絡んで実用化が議論される日も近いと思われる．

### 1.2.3　生長過程と栽培技術

#### a.　整地から播種へ

土壌に空気を含ませ，軟らかく均一にするため，耕うん機で耕して整地を行う．前作の株などは土中に埋め，雑草も除去する．水田裏作では排水溝整備が重要である．需要があり，その土地に適する品種を選定する．品種特性が保証されている採種圃産のものを使い，数年に1度のペースで新たな種子に更新する．軽い種子や不純物を除き，比重選で充実度が劣る種子を除いてから，水洗して陰干しする．使用が認められている薬剤で消毒し，風呂湯浸法などで裸黒穂病菌を死滅させ，適期に播種する．

### b. 生長過程

播いた小麦種子は適温（20〜25℃）で水と酸素があると発芽し，最初に子葉鞘（しょうしょう）と3本の幼根が出る．温度が上がると地面から茎立ちする．葉の下半分の葉鞘中には柔らかい葉に囲まれた円錐状の生長点があり，幼穂形成が始まる．幼穂は生長を続け，40〜45日後に穂が出る．穂は葉鞘に包まれたまま長く，太くなり，穂盈（ほばらみ）期になって，一番上位の止め葉の葉鞘が膨らんで，穂が止め葉の葉鞘を突き抜けて出る．

穂は節（ふし）がある穂軸（すいじく）と各節に左右交互に20〜30付く小穂（しょうすい）で構成される．小穂下部には左右1対の苞穎（ほうえい）があり，その上に下から順番に第1小花（しょうか），第2小花，第3小花，第4小花，第5小花が付き，第6小花が付くこともある（図1.4参照）．小花は外穎（がいえい）と内穎（ないえい）が包み，中心に子房，その上に2つに分かれた羽毛状の白い柱頭がある．子房の外穎側の基部に鱗皮が，上部の柱頭のところに3本の葯（やく）がある．出穂後2〜3日で外穎と内穎の間が開き，開花して葯の上端に小孔ができ，下方向に縦に裂ける．こぼれた花粉は同じ小花の柱頭にかかると，すぐに発芽して柱頭中に花粉管が入る．花粉管は細胞の間隙を柱頭の基部へ向かって伸びて子房に達し，伸び続けて珠孔に達する．胚嚢（のう）に入り，助細胞の助けで2つの生殖核の一方は卵細胞の核と，もう1つは極核とそれぞれ融合する．受粉後4〜5時間で受精が完了する．卵核と花粉の生殖核の融合でできた受精卵は生長して，胚になる．

2つの極核と生殖核の融合でできた胚乳核は分裂を繰り返して多くの胚乳細胞になり，種子の登熟に伴い多数のデンプン粒が蓄えられる．

### c. 生育中の管理と収穫

一般に，不足する窒素，リン酸，カリウムを肥料として与える．酸性土壌には石灰でカルシウムを補給し，火山灰土壌にはリン酸を多めに与える．10aあたり窒素8kg，リン酸3.5kg，カリウム5.0kg，石灰1.5kgが一例だが，土壌と気象条件で調節する．整地段階で施す元肥と幼穂形成初期の追肥の割合は7〜9:3〜1である．寒冷地ほど元肥を多くする．ヨーロッパ諸国，合衆国太平洋岸北西部などでは葉枯病，うどんこ病，さび病などへの対策として，気温が高い土地では黄褐色斑点や赤かび病対策として殺菌剤を使うが，継続使用は耐性ができることがあるので，適度の種子更新が望ましい．除草剤も用いる．

登熟期間（出穂から収穫まで）は気温による差が大きく，通常は42〜45日で

ある．収穫は完熟適期に乾燥した状態で行う必要があるので，降雨にあわないうちに収穫する．完熟状態で湿った天候に長時間さらされるか降雨にあうと，穂発芽（穂についたまま種子が発芽）するかそれに近い状態になり，品質が損なわれる．脱穀を行いながら収穫するコンバインの場合には，小麦粒水分が十分に下がってから収穫する．乾燥した土地で脱穀しながら収穫した小麦粒はそのままサイロや倉庫に収納できるが，水分が高い状態で収穫した小麦粒をそのまま置くと$\alpha$-アミラーゼ活性が高まって品質が損なわれるので，早めに乾燥する．

### 1.2.4 小麦粒の物理特性と内部構造

#### a. 物理特性

##### 1) 形状と大きさ

小麦の種実は植物学的には穎果（えいか）である．表面は密着した果皮が覆う．基部に胚芽が，反対側に粒溝（クリーズ）があり，胚芽側を背面，粒溝側を腹面という．頂部には多数の短い頂毛がある．形状は品種によって特徴があり，背面の形で卵形，長いだ円形，短いだ円形があるが，卵形が多く，基部が頂部よりやや太い．長さが幅の2倍以上の長いだ円形もある（図1.5）．横断面は腎臓形，円形，三角形があり，円形が最も多い（図1.6）．

生育期後半に利用可能な水分が豊富だとデンプンが十分に形成されて粒が大きくなるが，旱魃気味だとデンプン形成が不十分で細身や小粒になりやすい．通常の小麦粒は長さが5～8 mm，幅が2.5～4.5 mmである（表1.2）．

##### 2) 重さと比重

表1.3は各種穀粒の重量と主要部位別構成割合である．1粒は0.030～0.045 gが多く，重さは粒の大きさと関係が深いが，胚乳の密度や水分量の影響も受ける．

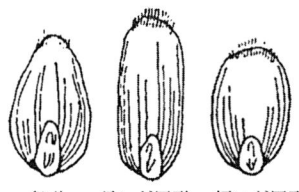

図 1.5 小麦粒の形（長尾，1998）

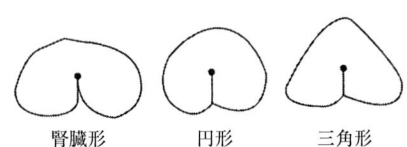

図 1.6 小麦粒の横断面の形（長尾，1998）

## 1.2 植物としての小麦

表 1.2　各種穀粒の物理的性状（Pomeranz, 1992）

| 穀物の種類 | 長さ (mm) | 幅 (mm) | 重量 (mg) | かさ比重 (kg/m$^3$) | 真比重 (kg/m$^3$) |
|---|---|---|---|---|---|
| 小麦 | 5〜8 | 2.5〜4.5 | 37 | 790〜825 | 1400〜1435 |
| 大麦 | 8〜14 | 1〜4.5 | 37 | 580〜660 | 1390〜1400 |
| ライ麦 | 4.5〜10 | 1.5〜3.5 | 21 | 695 | — |
| エンバク | 6〜13 | 1〜4.5 | 32 | 356〜520 | 1360〜1390 |
| もみ米 | 5〜10 | 1.5〜5 | 27 | 575〜600 | 1370〜1400 |
| モロコシ | 3〜5 | 2.5〜4.5 | 23 | 1360 | — |
| トウモロコシ | 8〜17 | 5〜15 | 285 | 745 | 1310 |

表 1.3　各種穀粒の重量と主要部位別構成割合（Simmonds, 1978）

| 穀物の種類 | 粒重量 (mg) ［平均値］ | 部位別構成割合（%） | | | | |
|---|---|---|---|---|---|---|
| | | 胚 | 盤状体 | 外皮 | アリューロン | 胚乳 |
| パン用小麦 | 30〜45　［40］ | 1.2 | 1.54 | 7.9 | 6.7〜7.0 | 81〜84 |
| デュラム小麦 | 34〜46　［41］ | 1.6 | | 12 | | 86.4 |
| 大麦 | 36〜45　［41］ | 1.85 | 1.53 | 18.3 | | 79.0 |
| ライ麦 | 15〜40　［30］ | 1.8 | 1.73 | 12 | | 85.1 |
| ライ小麦 | 38〜53　［48］ | 3.7 | | 14.4 | | 81.9 |
| エンバク | 15〜23　［18］ | 1.6 | 2.13 | 28.7〜41.4 | | 55.8〜68.3 |
| 米 | 23〜27　［26］ | 2〜3 | 1.5 | 1.5 | 4〜6 | 89〜94 |
| モロコシ | 8〜50　［30］ | 7.8〜12.1 | | 7.3〜9.3 | | 80〜85 |
| トウモロコシ | 150〜600　［350］ | 1.15 | 7.25 | 14.4 | | 81.9 |

　同じ銘柄や品種の小麦では，1粒の平均重量から気象条件の影響をある程度推察できる．1粒の重さの代わりに使う千粒重はほとんどが30〜45gで，なかでも30〜35gのものが多い．

　比重は1.25〜1.45で，1.35〜1.40が多い．比重は粒の充実度の指標だが，測定が容易な容積重で代用する．容積重はきょう雑物を除いた小麦を一定容量の容器に定められた方法で流し入れた重量で，かさ比重である．通常は73〜83 kg/hLで，77〜80 kg/hLが多い．粒の形状と均一性は容積重に直接影響するが，大きさは関係が薄い．低水分のものや粒の密度が高いものは容積重が高い．品種による差もあり，大粒でも低い値のものがある．搬送中に粒どうしがこすられると容積重は高めになる．被害粒，未熟粒などは容積重が低い．

### 3) 色

外皮色は褐色系統と淡黄色ないし白っぽい色合いがあり，濃淡がある．タンパク質が多いと濃くなる．収穫直前に多量の雨に当たると褪色し，品種固有の色が消失する．収穫直前に霜にあうと，褪色し，表面にしわが寄る．早刈りすると緑色粒混入が目立つ．黒穂病菌に侵されると粒内部まで黒くなり，赤かびに侵されると表面が赤くなる．保管や輸送中に高温になると，その程度によって軽い褐色から真っ黒な熱損粒まで生ずる．乾燥工程で油煙が小麦にかかると，黒っぽい油煙麦になることがある．

### 4) 硬度

粒内部が硝子質(しょうし)で強めの力でないと粉砕されにくい硬い粒と，粉状質で粉砕されやすい軟らかい粒がある．硬質小麦から作られる強力粉は粒度が粗く，タンパク質とデンプンが付着したままの大きな塊があるが，軟質小麦から作られる薄力粉ではばらばらで粒度が細かい．収穫期に雨が多いと軟らかめに，乾燥すると硬めになる．日本で流通する小麦中ではデュラム小麦が最も硬く，オーストラリアの小麦も硬めである．西アジアやアフリカなどの雨量が少ない地域の小麦にはかなり硬いものがある．

### b. 内部構造

図1.7は小麦粒の縦断面と横断面のスケッチで，図1.8にそれらを摸式化した．胚乳を外皮が包み，生命の源の胚芽がある．外皮は6層で，重量は小麦粒の約6〜8％である．外側から外表皮，中間組織，横細胞，内表皮（管状細胞）の順（図1.9）で，この4層が果皮であり，厚さは45〜50 $\mu$m で小麦粒の約4％を占める．その内側に種皮と珠心層があり，重量は小麦粒の2〜4％である．その内側にあって外皮と胚乳を隔てるアリューロン（糊粉(こふん)）層の細胞は特殊な形（図1.10）で，厚さが65〜70 $\mu$m である．通常は1層だが，粒の末端や粒溝には2〜3層のところもあり，小麦粒の約6〜7％を占める．胚乳とは性質が異なるので，果皮，種皮，珠心層とともにふすまにして，おもに飼料用になる．

胚乳重量は粒の81〜85％で，大部分が小麦粉になる．胚芽重量は粒の約2％で，盤状体，胚軸，幼芽鞘，葉，幼芽，種子根，根，根鞘で構成され，子葉部と胚軸部に大別できる．

1.2 植物としての小麦

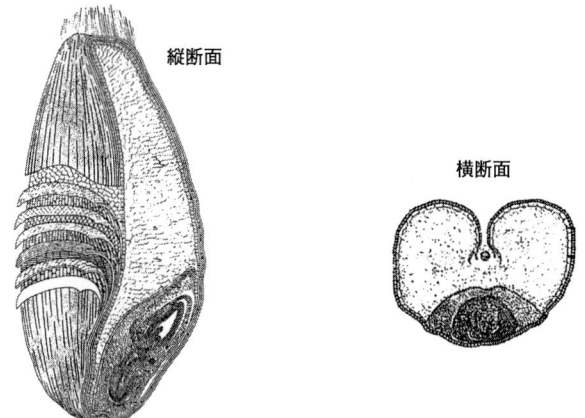

図 1.7　小麦粒の縦断面および横断面（Wheat Flour Institute, 1965）

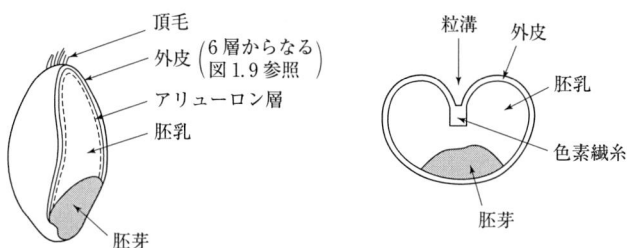

図 1.8　小麦粒の断面摸式図（長尾，1984）

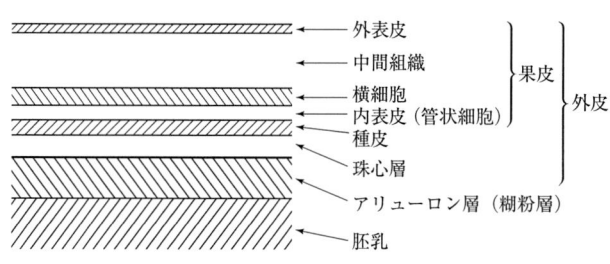

図 1.9　小麦粒外皮の摸式図（長尾，1984）

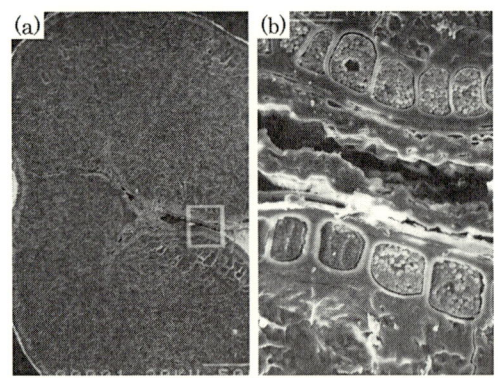

**図 1.10** 小麦粒横断面(走査型電子顕微鏡による)(長尾, 1984)
(a) 横断面(×15), (b) (a)の四角部分の拡大図(×150).

## 1.2.5 小麦粒と各部位の成分組成

成分組成は品種や生育条件による差が大きいが,約 70 % は炭水化物で,その大部分はデンプンである.タンパク質は 7〜18 % で,他の穀物と違い,グルテンをつくることができる.水分が 7〜17 %,脂質が 2 % 弱,灰分が 1.2〜1.8 %,各種のビタミン,酵素も含む.表 1.4 は他穀物と比較した成分組成分析値の一例,

**表 1.4** 主要穀物の成分組成(乾物量 %)(Simmonds, 1978)

| 穀物の種類 | 窒素 | タンパク質[a] | 脂肪 | 繊維 | 灰分 | N.F.E.[b] |
|---|---|---|---|---|---|---|
| パン用小麦 | 1.4〜2.6 | 12 | 1.9 | 2.5 | 1.4 | 71.7 |
| デュラム小麦 | 2.1〜2.4 | 13 | | | 1.5 | 70.0 |
| 大麦 (全粒) | 1.2〜2.2 | 11 | 2.1 | 6.0 | 3.1 | — |
| (穀粒) | 1.2〜2.5 | 9 | 2.1 | 2.1 | 2.3 | 76.8 |
| ライ麦 | 1.2〜2.4 | 10 | 1.8 | 2.6 | 2.1 | 73.4 |
| ライ小麦 | 2.0〜2.8 | 14 | 1.5 | 3.1 | 2.0 | 71.0 |
| エンバク (全粒) | 1.5〜2.5 | 14 | 5.5 | 11.8 | 3.7 | — |
| (穀粒) | 1.7〜3.9 | 16 | 7.7 | 1.6 | 2.0 | 68.2 |
| 米 (玄米) | 1.4〜1.7 | 8 | 2.4 | 1.8 | 1.5 | 77.4 |
| (精白米) | | | 0.8 | 0.4 | 0.8 | — |
| ワイルドライス | 2.3〜2.5 | 14 | 0.7 | 1.5 | 1.2 | 74.4 |
| ミレット | 1.7〜2.0 | 11 | 3.3 | 8.1 | 3.4 | 72.9 |
| モロコシ | 1.5〜2.3 | 10 | 3.6 | 2.2 | 1.6 | 73.0 |
| トウモロコシ | 1.4〜1.9 | 10 | 4.7 | 2.4 | 1.5 | 72.2 |

a:代表的または平均的数値.
b:窒素を含まない抽出物.デンプン含量の目安になる.

## 1.2 植物としての小麦

表1.5と表1.6は部位別の成分組成の代表的な値である.

果皮の70％以上は炭水化物だが，セルロースとヘミセルロースが多く，デンプンや糖類は少ない．種皮にも果皮より少ないがセルロースとヘミセルロースがあり，果皮よりタンパク質が多く，アリューロン層細胞内にはタンパク質の丸くて小さい粒が詰まっており，デンプンは蓄積しない．セルロースは少ないがヘミセルロースが多く，脂質と灰分も多い.

胚乳の主成分は糖質（おもにデンプン）で，タンパク質と水分もあり，脂質も少量ある．中心と周辺部では成分組成にかなりの差があり，中心に近いほどタンパク質は少なめだが，グルテンになったときの性質は良い．デンプンは中心の方が多く，逆に脂質，繊維，灰分は中心に向かって少ない．製粉では胚乳の成分組成分布を活用する.

胚芽は子葉部と胚軸部で組成が少し違うが，全体ではタンパク質が多い．脂質

**表1.5 小麦粒の部位別成分組成（長尾，1984）**

| 部位 | | 全粒中(%) | 水分(%) | タンパク質(%) | 脂質(%) | 炭水化物(%) | | 灰分(%) | ビタミン (mg/100 g) | | |
|---|---|---|---|---|---|---|---|---|---|---|---|
| | | | | | | 糖質 | 繊維 | | $B_1$ | $B_2$ | ニコチン酸 |
| 小麦全粒 | | 100 | 15 | 12.0 | 1.8 | 67.1 | 2.3 | 1.8 | 0.40 | 0.15 | 4.2 |
| 外皮 | 果皮 | 4 | 15 | 7.5 | 0 | 34.5 | 38.0 | 5.0 | | | |
| | 種皮(珠心層を含む) | 2〜3 | 15 | 15.5 | 0 | 50.5 | 11.0 | 8.0 | 0.48 | 0.05 | 25.0 |
| | アリューロン層 | 6〜7 | 15 | 24.5 | 8.0 | 38.5 | 3.5 | 11.0 | | | |
| 胚乳 | 周辺部 | 85 | 15 | 16.0 | 2.2 | 65.7 | 0.3 | 0.8 | 0.45 | 0.18 | 18.8 |
| | 中心部 | | 15 | 7.9 | 1.6 | 74.7 | 0.3 | 0.3 | 0.06 | 0.07 | 0.5 |
| 胚芽 | 子葉部 | 2 | 15 | 26.0 | 10.0 | 32.5 | 2.5 | 4.5 | 1.50 | 6.0 | |
| | 胚軸部 | | | | | | | | 16.5 | 0.15 | 6.0 |

**表1.6 小麦粒主要部位と製粉歩留り別の成分組成（Pomeranz et al., 1968）**

| | 小麦粒部位 (%) | | | | 製粉歩留り (%) | | |
|---|---|---|---|---|---|---|---|
| | 果皮 | アリューロン層 | 胚乳 | 胚芽 | | | |
| 重量 | 9 | 8 | 80 | 3 | 75 | 85 | 100 |
| 灰分 | 3 | 16 | 0.5 | 5 | 0.5 | 1 | 1.5 |
| タンパク質 | 5 | 18 | 10 | 26 | 11 | 12 | 12 |
| 脂質 | 1 | 9 | 1 | 10 | 1 | 1.5 | 2 |
| 粗繊維 | 21 | 7 | 1.5以下 | 3 | 0.5以下 | 0.5 | 2 |

も多く，その一種でビタミンEとして知られる$\alpha$-トコフェロールが特に多い．各種のビタミン，酵素，ミネラルなども多い．

## 1.3 商品としての小麦

### 1.3.1 特徴による分類

#### a. 冬小麦と春小麦

秋に播種し夏に収穫するのを冬小麦，春に播種し秋に収穫するのを春小麦と呼ぶ（表1.7）．春小麦は生育期間が短く収量が冬小麦の約3分の2なので，栽培はほぼ寒さが厳しく冬小麦が栽培できない地域に限られる．それぞれの作型に適した播性の品種が開発されているが，個別の気候条件や作付体系，求められる品質の条件などにより柔軟に用いられる．たとえば合衆国カリフォルニア州やアリゾナ州，またオーストラリアにおいては，春播性の品種を冬小麦として栽培することが普通である．なお，製パン性についてみると冬小麦より春小麦の方が優れていることが多い．

#### b. 硬質小麦と軟質小麦

粒が硬いのが硬質小麦，軟らかいのが軟質小麦である．内部構造が硬質小麦は密で，軟質小麦は粗い．一般に，硬質小麦は軟質小麦よりタンパク質が多いが，タンパク質が多くない硬質小麦を準硬質小麦と呼ぶ．日本の小麦の多くは軟質だが，タンパク質が多めなので中間質小麦といえる．硬質小麦はタンパク質が多くて生地の力が強いのでパンや中華めんに，軟質小麦はタンパク質が少なく質がソフトなので菓子やめん（うどん）に加工される．軟質小麦の胚乳細胞中のデンプン粒には表面タンパク質のフライアビリンが付着している．フライアビリンは小麦粒組織の硬度を制御する硬度（$HA$）遺伝子座の遺伝子によってコード化され，この$HA$遺伝子座が小麦粒に軟らかさを与える．$HA$遺伝子座は染色体5Dの短腕上にあり，$Pina$, $Pinb$, および$Gsp$-$1$という3つの遺伝子からなる（Law et al., 1978）．硬質小麦にはフライアビリンが少なく，非常に硬いデュラム小麦には$HA$遺伝子座自体がない．

小麦粒の中央を短軸方向にカットした切断面が半透明に見えるのを硝子質粒，白っぽくて不透明なのを粉状質粒という．硬質小麦が硝子質粒に，軟質小麦が粉

表 1.7 主要生産国・地域での小麦の播種および収穫月（長尾, 2011）

| 国・地域 | 播種月 | | 収穫月 |
|---|---|---|---|
| | 春小麦 | 冬小麦 | |
| カナダ | 4～5 | 8～9 | 7～9 |
| 合衆国 | 3～5 | 8～10 | 5～9 |
| メキシコ | — | 9～1 | 4～6 |
| チ リ | — | 4～8 | 11～12 |
| アルゼンチン | — | 4～8 | 11～1 |
| イギリス | 4～5 | 9～11 | 8～9 |
| フランス | 3～4 | 10～12 | 5～7 |
| スペイン | — | 10～11 | 6～9 |
| ドイツ | 3～4 | 9～11 | 7～8 |
| ギリシア | — | 10～11 | 5～9 |
| オーストリア | 2～3 | 9～10 | 6～8 |
| スカンジナビア | 3～5 | 8～9 | 7～9 |
| ロシア | 4～6 | 8～12 | 7～9 |
| ハンガリー | — | 9～10 | 7～8 |
| ルーマニア | — | 9～10 | 5～7 |
| イラン | — | 11～12 | 5～9 |
| トルコ | 4～6 | 10～11 | 7～8 |
| パキスタン | — | 11～12 | 3～6 |
| インド | — | 10～12 | 3～5 |
| 中 国 | 3～4 | 9～11 | 5～8 |
| 日 本 | 4～5 | 9～11 | 5～9 |
| 南アフリカ | — | 4～8 | 11～1 |
| オーストラリア | — | 4～7 | 11～1 |

状質粒になるのが普通だが，雨が多いと硝子質粒になるはずの品種が粉状質になることがある．硬質小麦の中でも硝子質粒は粉状質粒よりタンパク質が多く，パン用としての適性が高い．

#### c. 赤小麦と白小麦

外皮色は品種由来で，褐色ぎみの色合いの赤小麦と淡黄色の白小麦に分類する．硬質赤小麦は天候によって濃い褐色から色が薄く黄色に近いものまである．合衆国では前者をダーク，後者をイエローと呼ぶが，ダークはタンパク質が多く，イエローは少ない傾向がある．軟質白小麦も褐色気味だとタンパク質が多い．デュラム小麦は白小麦だが，タンパク質が多いコハク色のものをアンバーと呼ぶ．外皮色は検査や取引，タンパク質の量の推定に使える．北米大陸には赤小麦が多く，

日本は赤小麦，オーストラリアは白小麦である．

### 1.3.2　銘柄と等級

　小麦は銘柄や等級で流通することが多い．銘柄は一定地域で生産され，品質的特徴がある範囲に入る品種の集合体に付ける名称である．たとえば，「カナダ・ウエスタン・レッド・スプリング」はカナダ西部産赤色春小麦を意味し，「カナダ・エキストラ・ストロング」はグルテンの力が強いことを，「オーストラリア・スタンダード・ホワイト・ヌードル」はめん用であることを示す．

　小麦粒の物理性状，被害の程度，小麦粒以外の混入量などで各銘柄を等級に分けるか，一定基準の上下に仕分けする．合衆国では5等級に，カナダでは2～5等級に，日本では2等級に，オーストラリアでは一定基準の上下に分ける．

### 1.3.3　製粉用小麦に求められる品質

　製粉用小麦には，安全で，製粉性（良質の小麦粉が多く，容易に，安定して得られる）と二次加工性（生地をつくりやすく，取扱いやすくて，良品質の製品を歩留り良くつくれる）が良いことが求められる．生産や流通過程で有害な農薬や殺虫剤を使わず，安全であることを確認して，販売，使用する必要がある．赤かびなどで汚染されないよう畑で充分な管理が必要で，不幸にも汚染されたら仕分けて食用ルートに混入しないようにする．

　製粉性は製粉不適物の種類と量，製粉用として好ましくない小麦粒の種類と量（図1.11），小麦粒の物理性状と水分含量で決まる．きょう雑物はきょう雑物精選機で分離される雑草種子とその茎，小麦のもみがらや茎，砂，泥，石，石炭，鉱物，コンクリート破片，金属破片などの固形物，小麦以外の穀物などのうち大きさが小麦粒とかなり違うもので，異物は小麦粒（麦角菌または黒穂病菌に侵されたものを除く）ときょう雑物を除いた他のものである．これらが多いと精選効率が低下し，余分なエネルギーや労力が必要で，処分の問題もあるので，少ないことが望ましい．

　麦角粒や被害粒は食用に適さない．黒穂病粒は粉を黒くし，悪臭を生ずる．重熱損粒は粉色，二次加工性，上級粉採取率を低下する．発芽粒は$\alpha$-アミラーゼ活性が高く，二次加工性を低下させる．収穫後に高水分だとむれて腐敗臭を生じ，

1.3 商品としての小麦

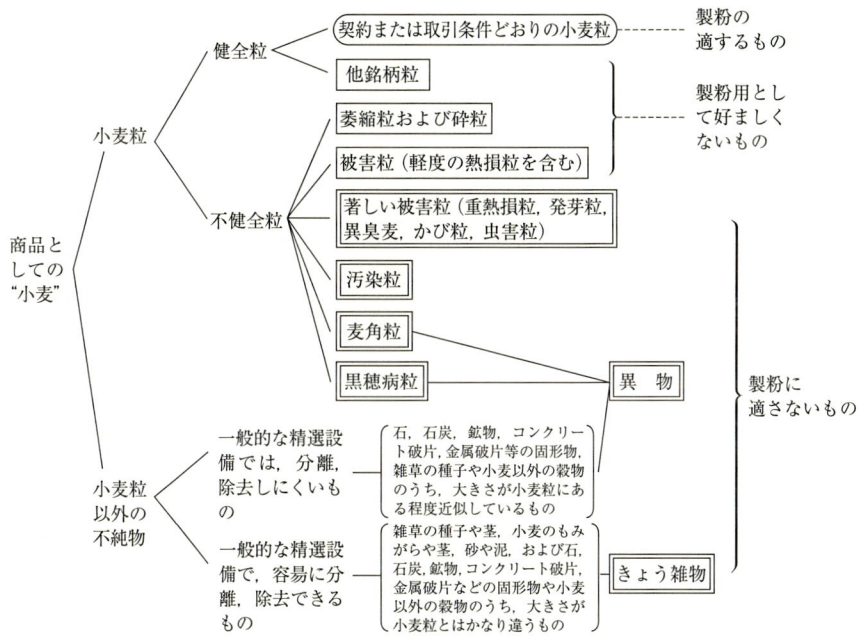

図1.11 小麦中に混ざっている製粉不適物の分類（長尾, 1984）

表面の異臭は飛散しても内部に臭いが残る．かびは褐変や変色，発熱とかび臭，成分変化，毒素の産生，重量減などを起こす．虫害粒は中身がない．契約や取引対象外の小麦（他銘柄粒）が多いと，目的の小麦粉をつくりにくく，均一な粉砕をしにくい．萎縮粒や未熟粒は粉採取率が低く，皮の分離が困難で，粉は高灰分で色がくすむ．砕粒は調質しにくく，良質な小麦粉を収率良く採取できない．軽度の熱損粒，発芽粒，かび粒なども悪影響を与える．

　製粉性は品種に由来するが，充実度や粒揃いも影響する．皮の厚さは粉採取率に影響し，皮離れも粉色，灰分，上級粉採取率を左右する．皮は薄くて離れやすく，粒溝は浅いのが良い．小粒は粉採取率が低い．胚乳はきれいな冴えた色が良く，くすんだ灰色は好ましくない．胚乳灰分が高いと粉採取率が低い．容積重は77 kg/hL 以上が良質小麦粉を高収率で得るために必須で，特に73 kg/hL 以下は粉採取率が低い．高水分だと一定量の小麦粉を得るのに多量の小麦が必要で，調質しにくいので製粉成績が悪く，貯蔵性も劣る．

表 1.8 小麦粉用途からみた原料小麦に求められる品質特性（長尾，2011）

| 小麦粉用途 | 小麦粉に求められる特性 | 小麦に求められる特性 |
|---|---|---|
| パン | ① 吸水が良い．<br>② 生地をつくりやすく，取扱いやすくて，機械への適度の耐性がある．<br>③ 体積が大きくておいしいパンを，歩留り良くつくれる． | ① タンパク質の量が多く，グルテンの質が強靭だが伸展性に富む．<br>② デンプンの特性がパンに向いている．<br>③ α-アミラーゼ，タンパク分解酵素の活性が低い． |
| 中華めん | ① めんの食感が適度の弾力に富み，ゆで伸びが遅い．<br>② 生めんが冴えた色合いで，ホシが少なく，経時的な変色が少ない． | ① 硬質系の小麦で，適量のタンパク質を含む．<br>② めんに向く性質のデンプンを持つ．<br>③ 胚乳の色が冴えた明るい色で，経時変色が少ない．<br>④ α-アミラーゼ活性が低い． |
| 日本めん | ① ソフトだが弾力があって，滑らかな食感のめんができる．<br>② 冴えた，きれいな色のめんができる．<br>③ ゆで上げ時間が適度で，ゆで伸びしにくいめんができる． | ① 中庸の質のグルテンを持つ軟質ないし中間質の小麦．<br>② 小麦のタンパク質の量が 10～11％．<br>③ めんに向く性質のデンプンを持つ．<br>④ 胚乳の色が冴えた明るい色．<br>⑤ α-アミラーゼ活性が低い． |
| 菓子 | ① 体積が大きく，きめ細かくてソフトな内相のケーキができる．<br>② よく広がり，口溶けが良いクッキーができる． | ① タンパク質の量が少なくて，その質がソフト．<br>② デンプンの糊化特性が菓子に向いている．<br>③ α-アミラーゼ活性が低く，アミログラム粘度が正常． |

日本では，小麦がパン，中華めん，日本めん，菓子，パスタのいずれかに向く適性を持ち，それが安定していることが求められる．小麦粉の用途から小麦に求められる品質特性を表 1.8 にまとめた．

### 1.3.4 生産，流通，消費

小麦生産地を図 1.12 に示した．世界の生産量は 1960 年代の 3 億 t 台から，品種改良と農業技術の進歩で 2013/14 年度には約 7 億 t になった．中国 (1.20 億 t)，インド（9250 万 t），合衆国（5800 万 t），ロシア（5050 万 t），フランス（3880 万 t）などが主要生産国である．消費量は生産量とほぼ同じで，2013/14 年度は食用が 4.72 億 t，工業用が 1890 万 t，飼料用が 1.36 億 t である．食用では中国が 8700 万 t，インドが 7850 万 t などアジアで世界の約半分を消費する．貿易量は約 1.4 億 t で，合衆国，オーストラリア，カナダ，EU，アルゼンチンが主要輸出国だが，

図 1.12　世界の小麦産地 (Kansas Wheat Commission, 1969)

ロシア，カザフスタン，ウクライナからの輸出も増えた．おもな輸入国はエジプト (970万 t)，ブラジル，インドネシア，日本，アルジェリア，韓国，メキシコ，イラク，ナイジェリアなどである．

　日本では 1933 (昭和 8) 年頃から生産が急増し，1940 (昭和 15) 年に 179万 t を記録した．第二次世界大戦の影響でいったん激減するものの，食糧増産政策と農業技術の進歩で再び増え，1961 (昭和 36) 年には 178万 t と戦前とほぼ同じ水準まで回復した．しかし，米作中心の農業政策と都市化，工業化の影響で 1973 (昭和 48) 年には 20.2万 t まで減少する．その後，米の過剰で転換作物として注目されて増え，2001 (平成 13) 年以降 57〜91万 t で推移している．代表的な産地は 1960 年代までは関東，九州などであったが，その後の増産は北海道中心で，現在では全生産量の約 70 % を北海道，残りを九州，北関東などで生産するパターンに変わっている．

　日本での小麦の食用消費量は年に約 570万 t で，カロリーベースで全食料の約 13.5 % を占める．国内産供給量は 60〜80万 t，輸入が 470〜560万 t で，自給率は 11〜12 % である．合衆国から約 58 %，カナダから約 23 %，オーストラリアから約 18 % を輸入している．

国内産小麦は民間流通で取引される．外国産小麦は政府が指名競争入札により商社に委託して国家貿易で輸入して，即時販売方式で製粉会社に売り渡し，製粉会社は2～3か月保管後に使用する．外国産小麦の売渡価格は直近6か月の買入価格平均値に年間固定のマークアップ（港湾諸経費＋売買差益）を上乗せして決められ，年に原則として3回改定される．国際相場の大きな変動が和らげられるが，国際相場より高い．

### 1.3.5 国内産小麦

#### a. 種類，銘柄，等級

農産物規格規程で種類，銘柄，等級に格付けする．種類は強力，普通，種子小麦だが，ほとんどが普通小麦である．定められた品種と道府県で生産されたものは産地品種銘柄に認定され，4つに分類される．①製粉と製めん適性評価が上位ランクで，需要度が高い，②過去3年の年平均出回り量が各道府県（2つ以上に分ける場合はその区域）別に1000 t 以上，③各都道府県の奨励品種，④検査で品種判定が可能，という4要件を満たす小麦が銘柄区分Iである．銘柄区分IIは，①製粉と製めん適性評価が中位ランク以上で，需要度が高い，②過去3年の年平均出回り量が各都道府県（または区域）別に500 t 以上で，銘柄区分Iの③と④

表1.9 国内産普通小麦の等級規格（抜粋）

| 項目<br>等級 | 最低限度 | | | 最高限度 | | | | |
|---|---|---|---|---|---|---|---|---|
| | 容積重<br>(g/L) | 整粒<br>(%) | 形　質 | 水分<br>(%) | 被害粒，異種穀粒および異物 | | | |
| | | | | | 計<br>(%) | 異種<br>穀粒 | 異　物 | |
| | | | | | | | 生ぐさ黒穂<br>病粒（%） | 生ぐさ黒穂病粒を<br>除いたもの（%） |
| 1等 | 760 | 75 | 1等標準品 | 12.5 | 5.0 | 0.5 | 0.1 | 0.4 |
| 2等 | 710 | 60 | 2等標準品 | 12.5 | 15.0 | 1.0 | 0.1 | 0.6 |

規格外：異臭のあるもの，または1,2等の品位に適合しない普通小麦で，異種穀粒および異物を50%以上混入していないもの
(付) ・1,2等には，被害粒のうち発芽粒が2.0%，赤かび粒が1.0%，黒かび粒が5.0%をこえて混入してはならない．
・普通小麦の1,2等には，強力小麦が10%をこえて混入してはならない．
・小麦には異物として，土砂（これに類するものとして定められたものを含む）が混入してはならない．

を満たすもの，銘柄区分IVはそれ以外への作付転換が必要なもの，銘柄区分IIIは他の3区分以外のものである．粒張りや大きさ，被害程度，水分量などの品位を総合して，1～2等，および規格外に格付けし，2等以上が食用になる（表1.9）．

**b. 品質と品種**

品質向上を目的として，日本めん用とパン・中華めん用小麦には品質評価基準値と許容値が設けられ，A～Dの品質区分での評価が試みられている．基準値（許容値）は，日本めん用小麦の場合，タンパク質が9.7～11.3％（8.5～12.5％）（低アミロース小麦の許容値8.0～13.0％），灰分が1.60％以下（1.65％以下），容積重が840 g/L以上，フォーリング・ナンバーが300以上（200以上）で，パン・中華めん用小麦の場合，タンパク質が11.5～14.0％（10.0～15.5％），灰分が1.75％以下（1.80％以下），容積重が833 g/L以上，フォーリングナンバーが300以上（200以上）である．基準値を3つ以上かつ許容値をすべて達成したものをAランク，基準値を2つかつ許容値をすべて達成したものをBランク，基準値を1つかつ許容値をすべて達成したものをCランク，それ以外をDランクとする．

自然条件に差があり，水田裏作と畑作が混在し，北海道を除き農家ごとの作付面積が小さく，品種が多いので，国内産小麦の品質幅は大きい．

**1) 普通小麦**

北海道で春小麦が少量栽培されているほかは冬小麦で，そのほとんどはグルテン量が中庸で質が軟らかい日本めん用である．日本めん用の国内産小麦が昭和40年代に不足した折，オーストラリア・スタンダード・ホワイト（ASW）小麦が使われるようになり，その後さらに日本めん用に好適な品質に改良されたASW小麦が輸入されるようになった．このASW小麦による冴えた色調でモチモチっとした食感のめんが消費者に受け入れられ，新しいめんの嗜好がASW小麦中心に形成されるようになると，国内産小麦の品種改良もASW小麦並みの品質を目標にするようになり，1998（平成11）年から麦新品種緊急開発プロジェクトに基づき，「売れる」小麦の開発が盛んになった．育種は，独立行政法人 農業食品産業技術総合研究機構や国の指定試験研究機関などで行われている．

北海道では，2009（平成21）年から平成18年登録の「きたほなみ」の本格生産が始まり，2011（平成23）年には従来品種の「ホクシン」とほぼ置き換わった．

ホクシンに比べ，めんの色は明るくて黄味があり，粘弾性，滑らかさも優れているので，品質の安定が期待される．

　九州では，「シロガネコムギ」が作付面積の約半分，アミロース含量がやや少ない「チクゴイズミ」が3割強を占める．関東では，昭和19年登録の「農林61号」からやや低アミロース系統の平成21年登録の「さとのそら」への切り替えが進んでいる．「つるぴかり」，「きぬの波」，「イワイノダイチ」，「あやひかり」も少量作られている．2012（平成24）年時点の統計では，きたほなみ，シロガネコムギ，農林61号，チクゴイズミが全国の上位品種である．

### 2) 硬質系小麦

　普通小麦扱いの中に，おもに北海道で生産される硬質系小麦が少量含まれる．外国産パン用小麦には及ばないが，他の普通小麦に比べタンパク質が多く，硬質なので，パンの種類や製法の工夫によって国内産小麦パンの原料として使える．北海道で一時普及した「ハルユタカ」が減少し，代わりに2000（平成12）年からホクレンが開発した「春よ恋」が作付され増加したが，横這いになった．タンパク質が多く，グルテンも強いとして期待されているのが「ゆめちから」で，作付面積の増加が予想される．

### 1.3.6　おもな外国産小麦

#### a. 合衆国産小麦

　ほぼ全土で小麦を栽培することができるが，近年では中部以東で大豆やトウモロコシへの作付転換が進み，生産減が懸念される．硬質と軟質小麦があり，デュラム小麦やクラブ小麦も生産される．日本に輸入されているのは中部以西産である．生産者は収穫した小麦をカントリーエレベーターに持ち込み，そこから穀物商などに売られたもののうち輸出にまわる分が港のターミナルエレベーターで船積みされる．船積み時に連邦政府検査官がサンプルを採取し，輸出契約規格に基づいて検査する．生産地の各州には小麦委員会（名称は差がある）があり，それらの連合体のアメリカ合衆国小麦連合会が市場開拓と輸出量拡大に努めている．

　合衆国産小麦は表1.10のような8銘柄に分けられる．3銘柄はさらに3副銘柄に仕分けし，これらをNo.1〜5，サンプル等級（規格外），特殊等級（何か明白な欠陥を持つ）に格付けする．日本は3つの銘柄または副銘柄のNo.2以上を

## 1.3 商品としての小麦

表 1.10 合衆国小麦の銘柄と副銘柄（長尾，1995）

| 銘　柄 | 副銘柄 |
|---|---|
| デュラム | ハード・アンバー・デュラム（75≦） |
|  | アンバー・デュラム（60≦～＜75） |
|  | デュラム（＜60） |
| ハード・レッド・スプリング | ダーク・ノーザン・スプリング（75≦） |
|  | ノーザン・スプリング（25≦～＜75） |
|  | レッド・スプリング（＜25） |
| ハード・レッド・ウインター |  |
| ソフト・レッド・ウインター |  |
| ハード・ホワイト |  |
| ソフト・ホワイト | ソフト・ホワイト（ホワイト・クラブ10％以下） |
|  | ホワイト・クラブ（ソフト・ホワイト10％以下） |
|  | ウエスタン・ホワイト（ホワイト・クラブ10％以上，他のソフト・ホワイトを10％以上含む） |
| 無銘柄 |  |
| 混合（ある銘柄を90％未満，他の銘柄を10％を超えて含む小麦） | |

注 1：銘柄および副銘柄の後には「小麦」が付くが，表では省略した．
注 2：デュラム，ハード・レッド・スプリングの副銘柄の（）内は硝子質粒の％．

輸入する．かつてはきょう雑物混入量が多かったが，日本はその低減を要望し続け，農林水産省も買付方法を工夫してきたので，極端に多いものは減っている．品種規制はないので，品質のばらつきが大きい．

### 1) ダーク・ノーザン・スプリング小麦

ハード・レッド・スプリングは硬質赤色春小麦で，モンタナ，ノースダコタ，サウスダコタ，ミネソタ州で生産される．硝子質粒が 75％以上はダーク・ノーザン・スプリング（略称 DNS），25％以上 75％未満はノーザン・スプリング（略称 NS），25％未満はレッド・スプリングの副銘柄に格付けする．タンパク質は 13～15％のものが多い．日本が輸入するのは DNS または NS 小麦の No.2 以上のタンパク質 14％ものので，太平洋岸北西部の港から船積みされる．製パン性は優れているが，品質のばらつきが大きいのでカナダ産小麦と配合してパン用粉製造に使われることが多い．

### 2) ハード・レッド・ウインター小麦

硬質赤色冬小麦で，中部大平原全域で多量に生産され，品質も幅がある．タンパク質は 10～15％ だが，日本は No.2 以上の 11.5％ 以上 13％ 未満のもの（通称セミハード，略称 HRW）を輸入する．同じタンパク質量の DNS 小麦と比較すると，吸水が少なく，パン体積も小さい．中華めんや即席ラーメンが主用途である．強力粉製造でタンパク質の量の調整用に配合されるか，準強力粉原料として使われる．おもに太平洋岸北西部から積み出される．

### 3) ウエスタン・ホワイト小麦

軟質白小麦のソフト・ホワイトには 3 副銘柄があり，クラブ種はホワイト・クラブ（略称 WC）に格付けされる．産地はワシントン州とオレゴン州で，収量が低いので生産量は少ない．タンパク質がソフトで洋菓子適性が優れているので，日本の製粉会社や製菓会社は増産されることを望んでいる．普通系軟質白小麦品種はソフト・ホワイト副銘柄になる．上記 2 州のほか，アイダホ，ミシガン，ニューヨーク州で生産され，WC には及ばないがタンパク質が少なく菓子用として優れる．ワシントン，オレゴン，アイダホ州では，両副銘柄小麦が区別されて生産，流通され，港で配合されて輸出専用副銘柄のウエスタン・ホワイト（略称 WW）になる．規格上は両副銘柄のどちらもが 10％ 以上だが，WC が 10～25％ で，残りはソフト・ホワイトである．WC が WW 小麦の製菓適性を魅力的にしており，製粉会社や製菓会社にとってはその混入率が安定して高いことが望ましい．

WW 小麦の主用途は菓子用なのでタンパク質は 9％ 台が望ましいが，旱魃気味だと多くなり製粉や二次加工で工夫を要する．収穫直前の降雨によって白小麦は穂に付いたままで発芽（穂発芽）するか発芽寸前の状態になりやすく，$\alpha$-アミラーゼ活性が強くなることがあるが，そのような小麦が正常品に混ざらないよう生産と流通段階で特別な配慮がされている．

### 4) その他の小麦

東部広域で生産される軟質赤色冬小麦がソフト・レッド・ウインターである．イリノイ，インディアナ，オハイオ，ケンタッキー州産はタンパク質が少なくソフトだが，これらの州は日本から遠く，合衆国内での輸送運賃がかかり，地元の製粉会社が良品質の小麦を買い付ける．赤かび被害が多い年があり，年産によって品質が変動する．

デュラム小麦は硝子質粒が75％以上をハード・アンバー・デュラム，60％以上75％未満をアンバー・デュラム，60％未満をデュラム副銘柄に格付ける．ノースダコタとモンタナ州産はカナダ産に近い品質だが，品種管理がされないので品質がばらつき，スペック（黒い斑点）を生ずる雑草種子混入が時々ある．カリフォルニアとアリゾナ州産は北部州産とは品質が異なるのでデザート・デュラムと呼ぶ．粒が大きく，グルテンは強いが，色はやや劣る．

オーストラリアの白小麦に対抗して開発が始まったハード・ホワイト小麦は，パンでふすまの破片が目立ちにくいので，小麦全粒粉パン用として注目される．

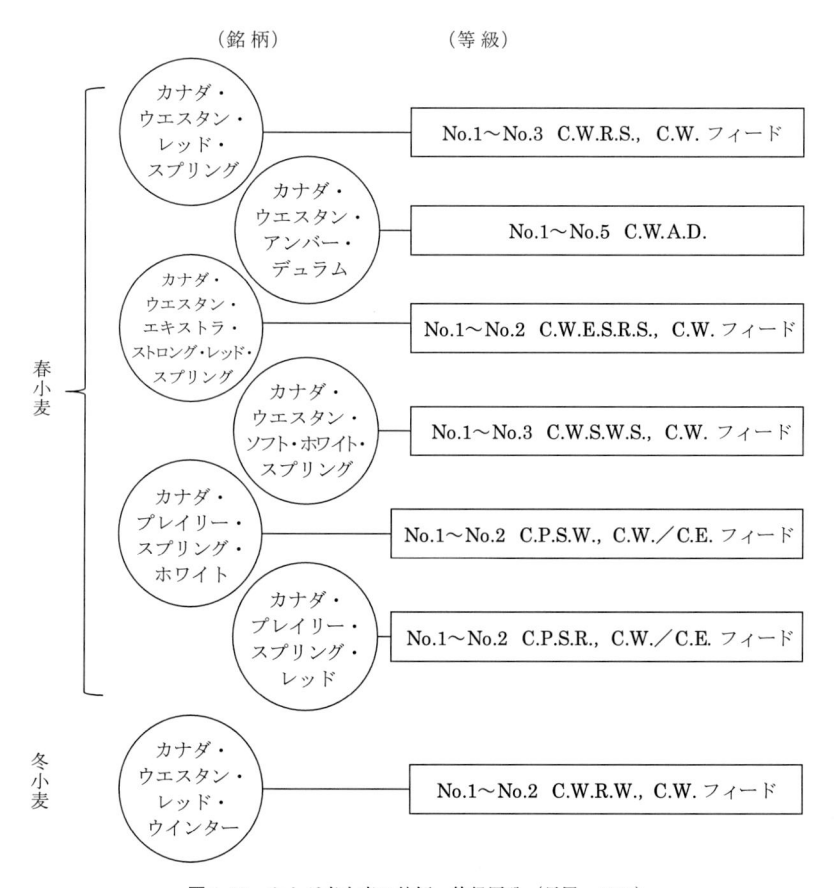

| 区分 | 銘柄 | 等級 |
|---|---|---|
| 春小麦 | カナダ・ウエスタン・レッド・スプリング | No.1〜No.3 C.W.R.S., C.W. フィード |
| 春小麦 | カナダ・ウエスタン・アンバー・デュラム | No.1〜No.5 C.W.A.D. |
| 春小麦 | カナダ・ウエスタン・エキストラ・ストロング・レッド・スプリング | No.1〜No.2 C.W.E.S.R.S., C.W. フィード |
| 春小麦 | カナダ・ウエスタン・ソフト・ホワイト・スプリング | No.1〜No.3 C.W.S.W.S., C.W. フィード |
| 春小麦 | カナダ・プレイリー・スプリング・ホワイト | No.1〜No.2 C.P.S.W., C.W./C.E. フィード |
| 春小麦 | カナダ・プレイリー・スプリング・レッド | No.1〜No.2 C.P.S.R., C.W./C.E. フィード |
| 冬小麦 | カナダ・ウエスタン・レッド・ウインター | No.1〜No.2 C.W.R.W., C.W. フィード |

**図 1.13** カナダ産小麦の銘柄，等級区分（長尾, 1998）

#### b. カナダ産小麦

　小麦生産地は西部平原3州のアルバータ，サスカチュワン，マニトバの南半分で，オンタリオ州でも少量生産される．従来カナダ産小麦の販売はカナダ小麦局が管理していたが（専売制），2012年に自由化された．穀物業者は生産者から直接か，生産者が持ち込んだプライマリーエレベーターから買う．小麦は内陸か港のターミナルエレベーターに運ばれ，品質が調べられて，銘柄，等級，タンパク質含量の区分別に保管される．穀物庁の指導で精選を行い，きょう雑物や異物混入量を低めに管理する．穀物庁が輸出検査と品種管理を行う．銘柄と等級に分け（図1.13），カナダ・ウエスタン6銘柄を輸出する．タンパク質の量による区分もある．

##### 1) カナダ・ウエスタン・レッド・スプリング小麦

　カナダを代表する硬質赤色春小麦で，No.1〜3等級に格付けする．日本はNo.1（略称1CW）のタンパク質13.5％もの（アルバータ州全域とサスカチュワン州西部産）を輸入し，パン用粉の主原料にする．合衆国産DNS小麦（タンパク質14.0％）に比べ，①製パン性が一般的に優れ，②きょう雑物や異物混入量が少なく，③品質のばらつきが小さい．標準品種"Neepawa"と同等またはそれ以上の製パン適性を持つと認定された品種だけが1CWに格付けされるので，製パン性が安定している．

##### 2) カナダ・ウエスタン・アンバー・デュラム小麦

　西部平原3州で生産され，No.1〜5等級のうち日本はNo.2以上を輸入する．穀物研究所のMatsuo博士の努力で品種改良が進み，パスタ用としての評価が高い．合衆国産に比べ，きょう雑物や異物が少なく，品質が安定している．

##### 3) その他の小麦

　カナダ・ウエスタン・エクストラ・ストロング・レッド・スプリングは，硬質赤色春小麦品種中で特にグルテンの力が強い品種で構成される．その粉はパン生地の冷凍耐性があるほか，力が弱い粉への補強剤として使える．カナダ・ウエスタン・ソフト・ホワイト・スプリングは西部平原州産の軟質白色春小麦で，生地性状は弱い．菓子が主用途である．

#### c. オーストラリア産小麦

　小麦生産地は海岸沿いの地域である．雨量が少ない年があり，生産量の変動が

大きい．従来オーストラリア小麦庁を前身とする AWB 社が輸出を一手に行い，品質管理に中心的役割を果たしていたが，2008 年から認可を受けた会社や協同組合が輸出できるようになり，さらに完全自由化の方向にある．各州に集荷や販売を行う協同組合組織や穀物商があり，カントリーデポ（サイトともいう）を持つ．農家は，自家用と製粉工場などへ直接運ぶもの以外をそこへ持ち込み，検査を受ける．

表 1.11 は銘柄と等級区分である．基準品質（水分 12 %，容積重 74 kg/hL）以上で品質に特徴があるものはオーストラリア・プライム・ハード（以下，オー

表 1.11 オーストラリア小麦の銘柄，等級区分（長尾，2011）

| 銘 柄 | 等級 | タンパク量 | 産地州* | 品 種 | 容積重 | 備 考 |
|---|---|---|---|---|---|---|
| オーストラリア・プライム・ハード | | 14.0 % 以上 | QLD, NSW | 選ばれた品種であること | 74 kg/hL 以上 | |
| | | 13.0 % 以上 | | | | |
| オーストラリア・ハード | No.1 | 13.0 % 以上 | 全 州 | 選ばれた品種であること | 74 kg/hL 以上 | |
| | | 11.5 % 以上 | | | | |
| | No.2 | | | | | |
| オーストラリア・プレミアム・ホワイト | | 10.5 % 以上 | 全 州 | 選ばれた品種であること | 74 kg/hL 以上 | |
| オーストラリア・プレミアム・ホワイト・ヌードル | | 10〜11.5 % | WA | 特定の品種であること | 74 kg/hL 以上 | |
| オーストラリア・スタンダード・ホワイト | | | 全 州 | | 74 kg/hL 以上 | |
| オーストラリア・ソフト | | 9.5 % 以下 | WA | 白色軟質のクラブ小麦品種であること | 74 kg/hL 以上 | |
| オーストラリア・スタンダード・ホワイト・ヌードル | | 9.2〜10.8 % | おもに WA | 特定の軟質系小麦品種であること | 74 kg/hL 以上 | 輸出専用 |
| オーストラリア・デュラム | No.1 | 13.0 % 以上 | QLD, NSW | デュラム小麦品種であること | 74 kg/hL 以上 | |
| | No.2 | 11.5 % 以上 | SA | | | |
| オーストラリア・ジェネラル・パーポス | No.1 | | 全 州 | （雨害を受けないもの） | 74 kg/hL 未満 | |
| | No.2 | | | （雨害を受けたもの） | 68 kg/hL 以下 | |
| オーストラリア・フィード | | | 全 州 | | 68 kg/hL 未満 | |

*：QLD＝クイーンズランド州，NSW＝ニューサウスウェールズ州，WA＝西オーストラリア州，SA＝南オーストラリア州

ストラリアを略），ハード，プレミアム・ホワイト，プレミアム・ホワイト・ヌードル，スタンダード・ホワイト・ヌードル，ソフト，デュラムに格付けする．特徴がないか，仕分けしても販路がないものがオーストラリア・スタンダード・ホワイト（ASW）になる．同じ銘柄でも州によって品質が違うので，州別に区分けする．

### 1) オーストラリア・スタンダード・ホワイト小麦

西オーストラリア州から輸入するめん用白小麦の呼称は日本ではASWのままだが，日本の要望に対応するために内容が改良されてきた．現地では日本向けをASW（ヌードルブレンド）と称し，プレミアム・ホワイト・ヌードル小麦とスタンダード・ホワイト・ヌードル小麦（めん用品種のみで構成）をターミナルエレベーターでブレンドして輸出する．両銘柄のブレンド率は年単位で一定になるよう配慮され，後者の比率は60～65％の年が多いが，生産量によっては30％まで低下することもある．

スタンダード・ホワイト・ヌードル小麦は日本の製粉業界との共同によるうどんに向く適性の小麦の研究から生まれた．既存の小麦品種中から"Gamenya"が優れためん適性を持つことを見つけ，それと同じ適性を持つ品種を開発し，めん用小麦生産者組合が設立され，めん用品種として認定されたものを仕分けするようになった．しかし後続品種開発の遅れで生産量が伸びず，日本と韓国の必要量ぎりぎりの状況が続いている．ブレンド相手は1995/96年度からプレミアム・ホワイト小麦だったが，2010/11年度にスタンダード・ホワイト・ヌードル小麦以外でデンプン糊化粘度が高くめん色の安定性が良い品種を選び，タンパク質が10～11.5％のものを仕分けして新設されたプレミアム・ホワイト・ヌードル小麦に代わった．

### 2) オーストラリア・プライム・ハード小麦

ニューサウスウェールズ州北部とクインズランド州産の認定品種のタンパク質13％以上の硬質白小麦である．15％，14％，13％ものに仕分けし，日本は13％ものを輸入する．粉の色が冴え，グルテンも強靭で，中華めん用として使い，パン用にも配合できる．

### 3) その他の小麦

クラブ小麦品種でタンパク質が9.5％以下のものがソフトである．西オースト

ラリア州南部だけで主産されるが，ビクトリア州でも生産可能である．製菓適性が高い．ニューサウスウェールズ州北部と南オーストラリア州で生産されるデュラムは生産量が少ないが，輸出を視野に入れている．タンパク質が 13.0％ 以上のものを No.1，11.5％ 以上 13.0％ 未満のものを No.2 に格付けする．

**d. アルゼンチン産小麦**

硬質赤色春小麦がほとんどで，デュラム小麦も約 20 万 t 生産する．生産量の変動が大きいが，輸出に力を入れている．品種によって 3 つに分ける．Trigo Duro Argentino 1 はアルベオグラフ W 値が $300\,J \times 10^{-4}$ 以上，P/L 比が 0.8～1.5，ファリノグラフ安定度が 15～40 分，フォーリングナンバーが 300 秒以上の品種で構成され，乾物量ベースタンパク質が 12.5％ 以上で，型焼きパンなど用である．グルテンの質が硬く，製粉性があまり良くなくて，品質のばらつきが大きい．Trigo Duro Argentino 2 は生地特性が 1 に準ずる品種で構成され，乾物量ベースタンパク質が 12.0％ 以上で，バゲットタイプパン用である．Trigo Duro Argentino 3 は生地特性が 2 に準ずる品種で構成され，乾物量ベースタンパク質が 11.0％ 以上で，普通のパンとクラッカー用である．

**e. フランス産小麦**

銘柄や等級はなく産地と品種で流通し，品質差が大きい．冬小麦で，中間質ないし準硬質粒である．アルベオグラフおよび製パン試験の結果で品種を 3 グループに分類する．上級パン用は準硬質で製パン適性が最も高く，フランスパン，その他のヨーロッパパン用である．標準パン用はグルテンの力が中庸の準硬質小麦で，上級パン用小麦より製パン性は劣るが一般的なフランスパンに使う．他用途用の主用途は飼料だが，軟質小麦をビスケット用として区分けする．生産量は少ないが，グルテンの力が弱く，菓子用として適性がある．

**f. ドイツ産小麦**

産地と品種で流通するので，品質差が大きい．品種を生地弾力，生地表面状態，フォーリングナンバー，タンパク質含量，沈降価，粉の吸水，粉歩留り，パン体積などによる基準で，E（特選小麦），A（高品質小麦），B（パン用小麦），K（菓子用小麦），C（その他小麦）の品質グループに分ける．ほとんどが赤色冬小麦の準硬質ないし中間質粒である．

#### g. ロシア産小麦

冬小麦は作付面積が 35％ 程度だが，単収が高いので生産量では約半分を占める．6 等級に分けられるが，上位等級が少ない年が多い．7 生産地区のうち中央，南部，ボルガ，シベリアの 4 地区で 90～95％ を生産する．冬小麦はおもにウラル山脈西の肥沃で雨量が多い西部で，春小麦の約 60％ はウラル山脈の東，残りはボルガ盆地で生産される．農業機械や肥料不足，技術力低下，品種改良の遅れ，生産意欲低下などの問題点が少しずつ改善され，生産量も増えてきたが，品質は今一歩である．

#### h. カザフスタン産小麦

北部のコスタナイ，北カザフスタン，アクモウの 3 州で約 70％ を生産する．約 90％ が春小麦である．ロシアの等級から超 1 等を除いた 5 等級を使う．ロシアより品質が良く，1～2 等は強力タイプといい，高品質パン用，3 等は価値あるタイプといい，低品質パンや高品質小麦に配合して使う．4～5 等は飼料やアルコール生産用である．

#### i. 中国産小麦

農村の都市化，農業人口減，水不足などを品種改良と農業技術で補い，約 1.2 億 t の生産量を維持している．約 92％ が冬小麦で，残りは北東部と北西部で生産される春小麦である．北部平野が主産地で，約 50％ が灌漑で生産される．軟質ないし準硬質の小麦が多い．タンパク質があまり多くなく品質のばらつきも大きいが，1980 年代半ばからの高品質政策によってパン用の高タンパク質品種と菓子用の低タンパク質品種が増えている．

#### j. インド産小麦

高収量品種と肥料使用で生産量が増え，9000 万 t を超える第 2 の小麦生産国になり，輸出国にもなった．春播きタイプを冬小麦として栽培する．粒質は硬く，白小麦が多い．約 80％ がインド・ガンジス平原で，残りはおもに西ベンガル州とマハラシュトラ州で生産される．

### 1.3.7 貯蔵・流通中の品質変化

小麦は収穫直後より少し時間が経った方が使いやすい．粒の状態と貯蔵条件が良ければ長期間貯蔵可能である．しかし，水分が高いかサイロ内外の温度差によ

る結露や雨漏れなどで小麦粒が濡れると，短時間で発熱し，変質が急速に進む．

**a. 貯蔵性に影響する要因**
**1) 水分と気温**

水分はかび増殖と密接な関係がある．13.5％以下であることが必要で，ある期間貯蔵するためには12％以下が望ましい．高温時にサイロに入れた小麦の表面は，気温が下がると湿気を吸うか，上から落ちる露を吸って高水分になる傾向がある．

気温も貯蔵期間を決定する．10℃以下ではかびはほとんど増殖しないが，30℃近くで水分が高いと増殖して大きな被害を与える．小麦は熱伝導率が低いので，それ自身の温度変化は緩慢である．たとえば，コンクリート・サイロで空気循環をしなければ，冬にサイロに入れた冷たい小麦は夏になっても低温を保つ．逆に，温度が高い小麦は高温の状態を保ち，品質を損ないやすい．小さい貯蔵タンク内の小麦の温度は一定の時間差をもって外気温の変化を追う．温度が高い小麦が入っているサイロに冷たい小麦を入れると，水分が冷たい小麦の方へ移動し，温かい小麦が入っているサイロ・ビンの隣のビンに冷たい小麦を入れると，前者のビンの壁に結露が生ずる．また冷たい小麦を温かい外気にさらすと水分が増える．

**2) かびと害虫**

小麦に付着，寄生する微生物は多い（梶原，1972）が，品質に特に影響を及ぼすのはかび類である．かびが発生すると，発芽能力の低下，褪色や変色，発熱とかび臭，成分の生化学的変化，毒素（マイコトキシン）の産生，重量減などが起こりやすい．畑で発生するかびは収穫前に品質を劣化させるが，貯蔵段階ではそれ以上の損害を与えず，貯蔵中の品質変化に関係するのは主として貯蔵開始後に寄生，付着するかびである．健全な小麦に付着するかびのほとんどは *Alternaria* 属だが，*Helminthosporium* 属のこともある．小麦水分が多いと *Aspergillus glaucus, As. candidus, As. flavus, Penicillium glaucum* が増加し，胚芽が変色するほどかびが大量増殖するときの中心になるのは *As. glaucus* と *P. glaucum* である（Christensen, 1955；Milner *et al.*, 1947）．春小麦より冬小麦の方がかびの被害を受けやすい（Papavizas *et al.*, 1958）．上位等級の小麦に付着するのは主として無害な *Alternaria* 属だが，下位等級の小麦では *Alternaria* 属と *Penicillium* 属が中心になるので被害が大きい（Christensen, 1951）．温度が上昇するとかび

は増殖する.

穀物害虫は温度に敏感で,15.5℃以下ではほとんど増殖しないか,増殖しても速度は緩慢で,41.7℃以上で死滅する.虫にとって最適温度は29℃前後で,この条件でのライフ・サイクルは約30日である.殺虫方法には燻蒸,不活性ガスの使用などがある.ただし高温はタンパク質を変質させるおそれがあるので,雰囲気温度を変えての殺虫は慎重に行うべきである.

### b. 貯蔵中の成分変化

小麦を1年間貯蔵すると,ほとんどの場合製パン性が向上する.この変化は貯蔵のはじめの数週間~数か月の間に起こるとされ,その後22年に及ぶ超長期保存によっても製パン性はさほど低下しない,という報告がある.

#### 1) 脂質の変化

健全小麦粒でも脂質は少しずつ変化する.健全粒には抗酸化物質が含まれているので酸化反応は起こりにくく,脂質の変化は加水分解が中心である.この加水分解で生成する遊離脂肪酸を定量し,健全度,貯蔵の状態や期間などを推定できる.長期間の貯蔵では脂肪酸価が上昇し,種子としての発芽率は低下するが,製パン性低下とは直接結び付かないとする報告が多い.高温高湿で貯蔵すると微生物の働きで極性脂質が大幅に減少する(Pomeranz, 1971).極性脂質は製パンに重要な成分である.脂肪酸価が上昇したものでも,良い条件で貯蔵したものは製パン性が良く,かびが繁殖したものは劣る.

#### 2) 炭水化物とタンパク質の変化

炭水化物も貯蔵中に変化する.表1.12は小麦貯蔵中の二糖類,三糖類の変化

**表1.12** 異なる条件で貯蔵した小麦中の二糖類,三糖類含量の変化(乾物量ベース)(Taufel *et al.*, 1959)

| 貯蔵期間(日) | 水分(%) | 温度(%) | 湿度(%) | スクロース(%) | マルトース(%) | ジフルクトース(%) | ラフィノース(%) |
|---|---|---|---|---|---|---|---|
| 0 | | | | 0.88 | 0.04 | 0.26 | 0.19 |
| 116 | | 16~21 | 50~70 | 0.80 | 0.04 | 0.22 | 0.18 |
| 160 | | | | 0.77 | 0.04 | 0.21 | 0.19 |
| 172 | | | | 0.75 | 0.05 | 0.21 | 0.19 |
| 0 | 11.6 | | | 0.80 | 0.04 | 0.22 | 0.18 |
| 10 | 12.6 | 30~31 | 90~95 | 0.77 | 0.04 | 0.21 | 0.18 |
| 5 | 19.8 | | | 0.63 | 0.08 | 0.11 | 0.16 |
| 3 | 35.4 | | | 0.55 | 0.70 | 0.09 | 0.10 |

である．条件が良ければスクロースが少し減少するだけだが，高温高湿だとスクロース，ジフルクトース，ラフィノースが減少する．貯蔵中に非還元糖が減少し，還元糖が増加するという報告も多い (Lynch *et al.*, 1962)．

貯蔵中にタンパク質の量は変化しないが，溶解性低下，部分的分解，消化率低下が起こる (Jones *et al.*, 1941)．これらは酵素や酸化によるもので，温湿度が高いほど，また，通気性が良いほど影響が大きい．貯蔵の比較的初期に胚芽のグルタミン酸デカルボキシラーゼ活性が上昇して$\gamma$-アミノ酪酸などを生成するが (Linko *et al.*, 1959)，長く貯蔵するとこの活性は低下する (Rohrich, 1957)．

#### c. 貯蔵条件と貯蔵可能期間

小麦が水分12％以下で，風雨に耐えられる倉庫に入っており，害虫やネズミの害を受けず，水の浸入もなく，高温湿度にならなければ，長年月の貯蔵が可能である．しかし，そのような条件下でも，小麦自身が呼吸することにより微妙な変化が起こる．合衆国での実験では20年間の貯蔵中に呼吸により重量が1％減少した．19～33年間貯蔵した実験では外皮がもろくなり，製粉で小麦粉への皮片の混入率が高くなった．デンプン糖化酵素や脂肪酸の量も増加し，パンは内相がやや劣った．

小麦の貯蔵可能期間については，1950～1980年に多くの研究がなされている．Baileyは水分が14％以上の場合の穀温と水分による安全貯蔵可能日数の変化を示した（表1.13）．水分が14％でも10℃なら256日間貯蔵可能だが，37.8℃では8日しか貯蔵できない．水分が17％に増えると，10℃でも貯蔵可能なのは2か月である．

**表1.13** 穀物の水分含量と温度による安全貯蔵可能期間（日数）(Bailey, 1974)

| 穀温 (℃) | 穀物の水分含量（％） | | | | | | |
|---|---|---|---|---|---|---|---|
| | 14 | 15.5 | 17 | 18.5 | 20 | 21.5 | 23 |
| 10.0 | 256 | 128 | 64 | 32 | 16 | 8 | 4 |
| 15.6 | 128 | 64 | 32 | 16 | 8 | 4 | 2 |
| 21.1 | 64 | 32 | 16 | 8 | 4 | 2 | 1 |
| 26.7 | 32 | 16 | 8 | 4 | 2 | 1 | 0 |
| 32.2 | 16 | 8 | 4 | 2 | 1 | 0 | |
| 37.8 | 8 | 4 | 2 | 1 | 0 | | |

## ◀ 1.4 品質評価法 ▶

### 1.4.1 品質評価前の準備

　船,貨車,トラック,サイロ中の小麦の品質がほぼ均一と考えられる集団ごとに,1ロットまたはサブロットとする.それをいくつかに区分し,一定量ずつサンプルを採取する.船や貨車からの荷降ろしやサイロからの搬出時には,一定間隔で一定量のサンプルを採取できるオートマティック・サンプラーを使う.それらを集めて充分に混合し,ボーナー型均分器などで4分法により1/2ずつに縮分していき,必要量のサンプルを得る.小麦を粉砕して用いる場合には性状変化や偏りが生じないようにする.サンプルはポリエチレン袋などに入れ,密封保存する.

　目的,時間的余裕,サンプル量により,測定項目と測定法を選ぶ.標準法,迅速または簡便法,少量サンプルでの測定法などがあり,統一されていないが,学会などの努力で方法は違っても換算などで同じような値が得られるようになった.AACC International（AACCI）の Approved Methods of Analysis は小麦品質測定のバイブル的存在である.International Association for Cereal Science and Technology（ICC）の Standard Method も広く使われ,その多くは International Organization for Standardization（ISO）の Standard Method に採用されている.農林水産省は標準計測法で検査や品質測定を行う.そのほかに,Association of Official Analytical Chemists（AOAC）の Official Methods of Analysis もある.小麦の試験順序は,農林水産省の外国産小麦の方法（図1.14）が参考になる.

### 1.4.2 物理性状と健全度

#### a. きょう雑物

　カーター・ドッケージ・テスター（合衆国農務省規格品）に正確に秤量した縮分サンプル約1kgを投入すると,目開きと傾斜が異なる何段かの振動金網篩を通るうちに,混入物が大きさや比重の差で4区分に選別,分離される.これら小麦以外のものを全部合わせたきょう雑物の重量を測り,投入サンプル重量に対する百分率で表示する.国内産小麦検査の標準計測法では,サンプル1kgをだい

## 1.4 品質評価法

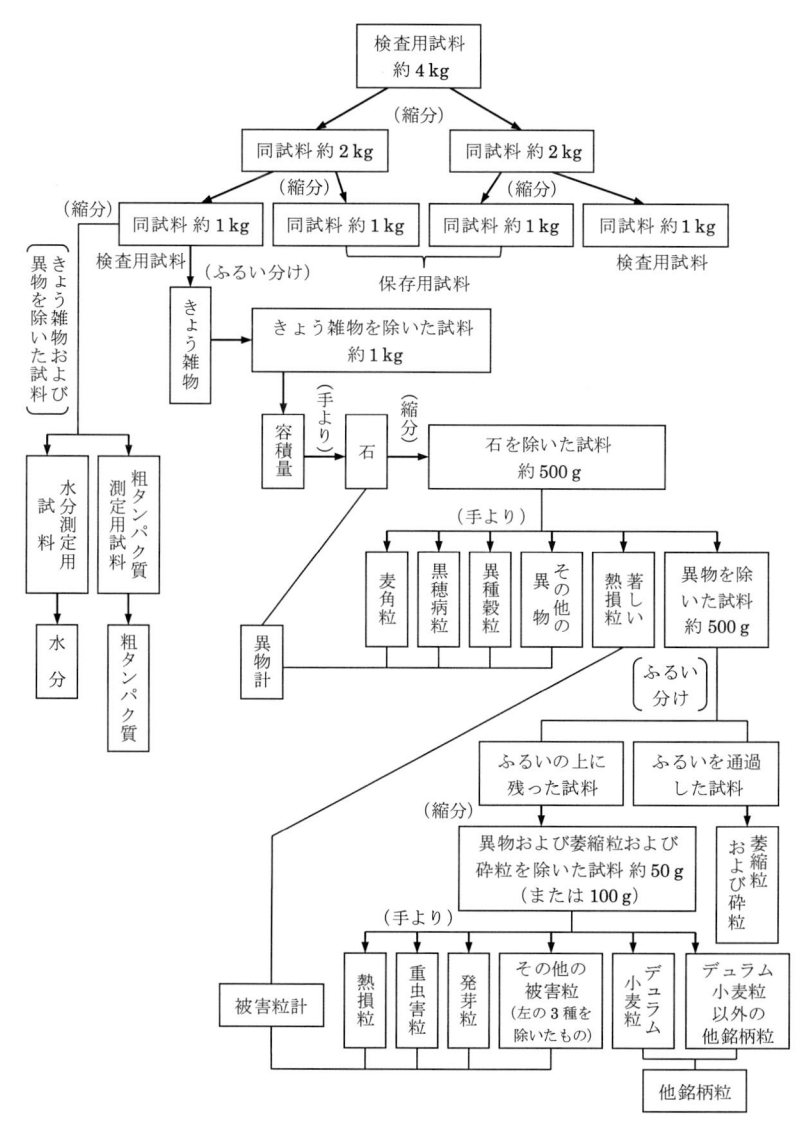

**図 1.14** 農林水産省の外国産小麦の品位検査の手順

たい 4 等分してその各々を直径約 30 cm，開口 4.8 mm と 2.1 mm の丸目ふるいによって手でふるい分け，4.8 mm ふるい上から小麦粒を除いたものと 2.1 mm ふるい下を合わせたものがきょう雑物である．

#### b. 容積重と千粒重

容積重計は統一されておらず，各国で単位も異なる．日本ではシードビュロー社(合衆国)製のヘクトリットル・キログラム計か，それと同型のものを使う．きょう雑物を除去したサンプル約1kgをろうとに入れ，シャッターを開いて1Lの升に落とし，平トカキで3回ジグザグにかいて余分の小麦を除いてから秤にかけ，kLあたりのkgで直読する．合衆国では同型で大きさと読み取り単位が違うブッシェル・ポンド計を用い，ブッシェルあたりのポンド(Lb/bu)で読む．ヨーロッパ，カナダ，オーストラリア，アルゼンチンなどでは，1Lの升が付いたショッパー・コンドロメーターを使い，hL/kgで表示する．国内産小麦検査ではブラウエル計を使い，サンプル150gをろうとから硝子筒に落とし，穀粒上面が示す目盛（ブラウエル度）から（100/ブラウエル度）×1000でLあたりのg数を求める．

小麦20～25gを正確に秤量し，その粒数を数え，千粒重（g）を求める．板に粒の形の窪みがついた穀粒計数板や，光電管を用いた穀粒測定器を使う方法もある．

#### c. 硝子率

ハインスドルフまたはグロベッケル式穀粒切断器により小麦粒を中央部で切断する．1粒の断面の硝子質状部分が70％超のものを硝子質粒，30％未満を粉状質粒，30～70％を半硝子質粒とする．50粒中の硝子質粒と半硝子質粒を数え，(硝子質粒数＋半硝子質粒数÷2)÷50×100で硝子率（％）を求める．

#### d. 異物，著しい熱損粒，萎縮粒および砕粒

容積重測定に使った小麦サンプル中に混入する石を手選別し，小麦1kgあたりの石を個数で示す．石を除いた小麦サンプル約500g中の麦角粒，黒穂病粒，異種穀粒，その他の異物を手選別し，含有率（％）で示す．外国産小麦検査ではこの4項目に石を加えた含有率を異物計とする．著しい熱損粒も選別し，その含有率（％）を求める．

異物を除いたサンプル約500gを9.5mm×1.6mmの縦目ふるいでふるい，通過したものが萎縮粒および砕粒で，含有率（％）で示す．

#### e. 被害粒と他銘柄粒

異物，萎縮粒，砕粒を除いたサンプルを縮分して得た約50gまたは100g中の熱損粒，重虫害粒，発芽粒，その他の被害粒を手選別して含有率（％）を求め

る．これの合計が被害粒計（％）である．農林水産省の検査では検査基準品と対比して判定する．国内産小麦検査では，発芽粒，病害粒，くされ粒，褪色粒，虫害粒，砕粒，熱損粒を被害粒といい，その他に発芽粒，赤かび粒，黒かび粒の含有率（％）を求める．

被害粒を選別した約 50 g のサンプルから，デュラム小麦およびそれ以外の他銘柄粒を手で選別し，含有率（％）を求め，その合計が他銘柄粒含有率（％）である．

#### f. 硬 度

Single Kernel Wheat Characterization System（パーテン社製）を用い，AACCI 法 55-31.01 によって小麦の硬度を測定できる．300 粒を測定し，コンピューターで換算してハード，セミハード，セミソフト，ソフト粒に分類する．

#### g. 発芽率と健全度

小麦粒に水分を充分に与えて約 20℃で 1 週間ほど置き，発芽粒数を数えて％で表すのが発芽率である．迅速に測定する方法として発芽能の試験法がある．

貯蔵中の変質度は酸度でみる．水溶性酸度，アルコール可溶酸度，および脂肪酸度（エーテルまたはベンゼンで抽出）があるが，脂肪酸度が最も適している．

### 1.4.3 成 分

#### a. 水 分

#### 1) 乾燥法

基準は乾燥法で，130℃か135℃での乾燥時の減量分を水分とするのが最も一般的である．AACCI 法 44-15.02 では，サンプル 30～40 g をウイリー粉砕器で粉砕して一定粒度にした 2 g を，強制通風式乾燥器により 130℃（±1℃）で 1 時間乾燥する．水分が 16 % 以上の小麦は風乾で水分を 16 % 以下にしてから，乾燥器に入れる．ICC 標準法 No.110 では小麦を粉砕し，全部が直径 1.7 mm 以下で，そのうち 1.0 mm 以上のものを 10 % 以下，0.5 mm 以下のものを 50 % 以上にして，その 5 g を 130～133℃で 2 時間乾燥する．水分が 7 % 未満や 17 % を超えるサンプルはあらかじめ加湿または乾燥して水分を測定する．この方法は ISO 法にも採用されている．

農林水産省の標準計測法で外国産小麦を検査する場合には，手回しロール式

粉砕器にサンプル5gを1回通し，全量を135℃（±1℃）で2時間乾燥する．国内産小麦検査では105.5～107.5℃で5時間乾燥する．ブラベンダー社（ドイツ）製迅速水分測定器 MT-C による測定では，粉砕したサンプル（1～20g）の重量を内蔵の電子天秤で測定し，これら10個を乾燥チャンバーに入れて熱風循環で乾燥する．温度と時間を設定（通常は130℃または135℃で1時間）し，内蔵天秤で自動秤量して水分（％）を直読する．

### 2）迅速測定法

合衆国の輸出水分検査は，船荷のサブロット（800t程度）ごとのサンプルをモトムコ水分計で計測し，AACCI法（130℃乾燥法）に基づいて作成した銘柄ごとの換算表で水分値を求める．カナダで開発された電気式水分計で，小麦粒水分の多少による電気容量変化を測定する．カナダでは同じものをハルロス水分計と呼び，合衆国と同じように銘柄ごとの換算表で水分値を求める．オーストラリアでは粉砕したサンプルの電気抵抗を測ってただちに水分を測定できるマルコーニ水分計を使うが，AACCI法（130℃乾燥法）を基準にしている．電気式水分計は低水分域での計測が可能なので小麦検査には向くが，加水小麦のように遊離水があり水分分布が不均一だと，測定結果が不正確になる．サンプルは150～250gと多めに必要だが，粉砕の必要はない．気温やサンプルの種類によって換算表を選択，作成し直す必要がある．誘電率を応用したバロウズ水分計も使われる．

近赤外線反射（NIR）利用の計測装置も使われる．機種の選択，使用法の工夫でかなりの精度が期待できる．内蔵コンピューターで処理し，結果をデジタル表示する．粉砕サンプルを使うので，粒度が重要である．

### b．灰　分

小麦粒をルツボに入れてマッフル炉で高温で焼いた後に残るものが灰分で，サンプル量に対する百分率（％）で表示する．灰化法には，①灰が溶融しない500～600℃で焼く直接灰化法，②850～900℃で短時間に焼いて完全に灰化させる高温灰化法，③酢酸マグネシウムを助燃剤として使う方法，などがある．生物体のようなリン酸を多く含む試料では灰化途中で灰が溶融することで完全な灰化が妨げられることがあるが，酢酸マグネシウムを使うと陽イオンのマグネシウムが小麦のリン酸と結びつき，灰の溶融を防げる．

農林水産省標準計測法では，酢酸マグネシウム6gに純水50 mLを加え，酢酸1 mLを添加して湯浴上で溶解後，メタノール450 mLを加えて酢酸マグネシウム溶液を調製しておく．ルツボにサンプル5gを秤取後，この溶液5 mLを表面に均等に注ぎ，5〜10分後に過剰のアルコールを蒸発させ，700℃のマッフル炉に入れて焼く．AACCI法08-02.01では，酢酸マグネシウム10gを変性アルコール1 Lに溶解したもの2 mLをサンプル3gに加え，5分後に850℃のマッフル炉に入れて焼く．合衆国，カナダ，オーストラリアの3国ともにAACCI法08-01.01で測定するが，合衆国では水分14.0％，カナダでは水分13.5％，オーストラリアでは水分11％ベースで表示する．

**c. タンパク質**

全窒素を定量し，タンパク質換算係数（小麦は5.7）を掛けて粗タンパク質の量を求める．小麦中の窒素のほとんどはタンパク質由来だが，それ以外の窒素もあるので「粗」を付けて純タンパク質と区別する．ケルダール法が標準的分析法だったが，合衆国農務省とカナダ農務省は燃焼窒素分析法を標準法に採用した．

**1） ケルダール法**

小麦，硫酸，触媒を分解フラスコに入れ，加熱，分解してタンパク質や窒素化合物中の窒素をアンモニアにし，硫酸と化合させて硫酸アンモニウムにする．この液を強アルカリ性にして蒸留し，出たアンモニア量を酸の標準液で滴定する．大型分解フラスコを使い，充分な熱源で全量を直接蒸留するマクロ法が基本だが，少量サンプルのセミミクロ法が普及している．農林水産省標準計測方法では，硫酸カリウム94，硫酸銅3，二酸化チタン3の混合触媒を使う．直接蒸留は蒸留に時間がかかるが装置が簡単で，水蒸気蒸留はやや複雑な装置を使うが比較的短時間で蒸留できる．アンモニア捕捉も，一定量の硫酸規定液を添加してアンモニアと化合しないで残る硫酸をアルカリ規定液で滴定する方法と，ホウ酸で補促したアンモニアを硫酸規定液で滴定する方法とがあり，後者によるものがよく使われる．ケルダール法の半自動分析装置を使用する試験研究機関も多い．AACCI法では，46-10.01, 46-11.02, 46-12.01, 46-13.01, 46-16.01がケルダール法によるタンパク質分析法である

**2） 燃焼窒素分析法**

窒素をガス体として測定する元素分析用のデュマ法を改良した燃焼窒素分析

（CNA）法が高精度で化学薬品不使用なので，AACCI 法 46-30.01 に採用されて小麦や小麦粉のタンパク質含量測定に使われている．試料を炭酸ガス気流中で燃焼し，酸化第二銅によって酸化して水，二酸化炭素，酸化窒素にする．次いで，還元銅中を通して窒素ガスに変え，これらから水と二酸化炭素を除き，窒素ガスだけを集めてその量を測定する．体積測定方式とガスクロ方式がある．操作が比較的簡単で測定時間も短いが，装置が高価である．ケルダール法に比べて測定値が 0.15〜0.35 % 高めに出る．

3) NIR 法

AACCI 法 08-21.01 に準じて近赤外線反射（NIR）技術でタンパク質含量を測定できる．小麦種類別に標準法との換算ができるようにしておき，時々チェックする．特に，収穫年度が変わるときに換算システムを見直すと良い．

### 1.4.4 製粉性と小麦粉の品質

試験用製粉機（テストミル）で製粉性を調べ，粉サンプルを得る．育種段階では超小型製粉機を使う場合もあるが，ブラベンダーテストミルとビューラーテストミルが最も一般的である．いくつかのテストミルを組合せた試験用製粉ラインもある．

a. ブラベンダーテストミル

ブラベンダー社（ドイツ）製クワドラマット・ジュニアーは 100 g 以下の試験挽砕に適する．4本のブレーキロールと 60GG（目開き $279\mu$）の篩布を張った回転円筒式篩が組み込まれ，ロール組合せによって粉砕を3回繰り返してふるい分け，低灰分の上粉，高灰分の下粉，ふすまを得る．加水とテンパリングを行って挽くのが普通だが，無加水で挽くこともできる．挽砕結果から小麦の製粉性をある程度推定でき，粉サンプルを得られる．

b. ビューラーテストミル

ビューラー社（スイス）製テストミルにはブレーキロールとミドリングロールが1対ずつあり，それぞれが機能の異なる3区分に分かれ，各区分のロールにシフター（ふるい）が組み合わせてある．ダイヤグラムは図 1.15 のようで，1B，2B，3B のブレーキ粉，1M，2M，3M のミドリング粉，大ぶすま，小ぶすまを得る．加水し，24時間寝かせた 1 kg 以上の小麦をフィーダーから 1 kg あたり 20〜30

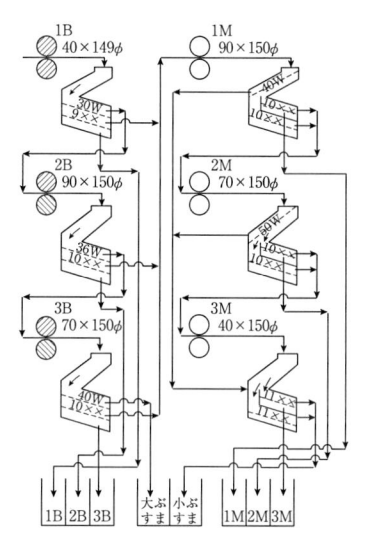

**図 1.15** ビューラー・テストミルの典型的なダイヤグラム（長尾，1984）
ふるい番手は硬質小麦の場合で，軟質小麦では 1〜2 番手細かくする．

分程度のペースで供給して挽砕し，各セクションの出量を計測する．合衆国などでは粉を全部混ぜてストレート粉にするが，日本では 1B＋1M, 2B＋2M, 3B＋3M の 3 種類の粉をつくり，原料小麦に対して 60％歩留りの粉（60％粉）になるように 1B＋1M の不足分を 2B＋2M の一部で補い，それでも足りないときは 3B＋3M の一部を加える．ストレート粉は品質があまり良くなくて微妙な適性差を評価しにくいので，60％粉を使う．次の数値を計算し，製粉性の評価に用いる．

　　比較歩合＝粉出量計÷(粉出量計＋ふすま出量計)×100

　　灰分移行率＝(原麦灰分－ストレート粉灰分)÷原麦灰分×歩留り

**c. 小麦粉の品質**

テストミルで得た 60％粉または上粉について，サンプル量と試験目的に応じて次の中から必要な試験を行う．試験法については，3.2 節に記す．

　① 化学分析：水分，灰分，タンパク質，色相，マルトース価，酸度，粒度
　② 物理試験：ファリノグラフ，エキステンソグラフ，ミキソグラフ，アミログラフ，フォーリングナンバー

③ 二次加工試験：食パン，フランスパン，中華めん，ゆでめん，スポンジケーキ，クッキー

## 1.5 小麦粒主要成分の科学

### 1.5.1 タンパク質
#### a. 含量，分布，アミノ酸組成

　タンパク質の量には品種，環境，施肥が影響する（表 1.14）．北米北部などでは秋に気温が急降下して成熟が進みタンパク質が多くなるが，温暖な地域では多くなりにくい．土壌水分が適度だとデンプン形成が進んでタンパク質の含量は低くなり，旱魃傾向だとそれが抑えられタンパク質含量が高くなる．成熟が進むとタンパク質の割合は低下し，カナダ穀物研究所の実験では完熟 1 週間前に最低となりその後再び上昇した．また硝酸塩が多い土壌や黒色土壌ではタンパク質が多くなる．休閑期を設けるか早めに耕すと，土壌中に硝酸塩が形成されるか保たれてタンパク質も増えやすく，無機の窒素肥料を出穂期までに施してもタンパク質が増える．

　小麦のタンパク質含量増加に寄与する遺伝子が野生エンマー小麦から見いだされており，これは対応する染色体 6B 上の単一メンデル遺伝子座 *Gpc-B1* として

表 1.14　小麦産地・銘柄別タンパク質含量の範囲（長尾，2011）

| 産　　地 | 銘柄・副銘柄・種類 | タンパク質範囲 (%) |
|---|---|---|
| 合衆国 | ハード・レッド・スプリング<br>ハード・レッド・ウインター<br>ソフト・レッド・ウインター<br>ソフト・ホワイト<br>デュラム | 11.5〜18.0<br>9〜14.5<br>8〜11.0<br>8〜11.5<br>10〜16.5 |
| カナダ | ウエスタン・レッド・スプリング | 11〜18.0 |
| ヨーロッパ | （イギリス）<br>（その他のヨーロッパ小麦） | 8〜13.0<br>8〜13.5 |
| オーストラリア | スタンダード・ホワイト | 8〜12.0 |
| ロシア |  | 9〜14.5 |
| アルゼンチン |  | 10〜16.0 |
| 日　　本 | 普通小麦 | 8〜12.0 |

## 1.5 小麦粒主要成分の科学

**表 1.15** 小麦粒の部位別タンパク質含量とアミノ酸組成 (Jensen et al., 1983)

| 部 位 | | 果皮 | 種皮 | アリューロン | 胚乳 | 胚芽 |
|---|---|---|---|---|---|---|
| 部位別分布（重量%） | | 5.0 | 3.0 | 7.0 | 82.5 | 2.5 |
| タンパク質含量（乾物量%） | | 5.1 | 5.7 | 22.9 | 10.2 | 34.1 |
| 小麦粒のタンパク質分布（%） | | 2.3 | 1.5 | 14.2 | 74.5 | 7.5 |
| アミノ酸含量<br>（タンパク質<br>100 g 中の g） | イソロイシン | 5.1 | 4.3 | 3.6 | 4.0 | 4.1 |
| | ロイシン | 8.4 | 8.8 | 6.5 | 7.3 | 7.5 |
| | リジン | 4.6 | 4.1 | 4.8 | 2.1 | 8.3 |
| | メチオニン | 2.4 | 1.6 | 1.6 | 1.6 | 2.0 |
| | フェニルアラニン | 5.4 | 5.5 | 3.8 | 5.3 | 4.1 |
| | チロシン | 3.7 | 3.6 | 3.3 | 3.7 | 3.2 |
| | スレオニン | 4.0 | 3.5 | 2.9 | 2.2 | 4.0 |
| | トリプトファン | 4.0 | 0.7 | 4.0 | 2.0 | 1.7 |
| | バリン | 5.5 | 4.3 | 5.3 | 4.2 | 6.5 |
| | ヒスチジン | 1.6 | 2.7 | 3.4 | 2.0 | 2.9 |
| | アルギニン | 5.1 | 6.5 | 11.1 | 3.6 | 8.7 |
| | アラニン | 6.6 | 5.9 | 5.9 | 3.5 | 7.7 |
| | アスパラギン酸 | 9.5 | 7.9 | 7.9 | 4.2 | 10.4 |
| | グルタミン酸 | 15.8 | 22.6 | 20.9 | 35.2 | 13.9 |
| | グリシン | 7.9 | 6.5 | 5.8 | 3.6 | 7.4 |
| | プロリン | 6.6 | 7.6 | 6.3 | 12.9 | 4.8 |
| | セリン | 3.9 | 4.0 | 2.9 | 2.7 | 3.0 |
| 試料 100 g 中の全アミノ酸含量 (g) | | 2.6 | 4.8 | 18.0 | 8.8 | 31.8 |

特定されている (Olmos et al., 2003). *Gpc-B1* 遺伝子は老化を加速する転写因子をコード化し, 生育中の小麦粒への窒素とミネラルの移動を増すので, この対立遺伝子を発現する系統はタンパク質が多い (Uauy et al., 2006).

小麦粒タンパク質の約 75% は胚乳に, 約 14% はアリューロン層に, 約 7.5% は胚芽に, 約 4% は果皮と種皮にある (表 1.15). 胚乳では外側に多い. ストレート粉のタンパク質は小麦粒より約 1% 低く, 小麦粒が小さいほどその差が大きい.

品種や環境によるアミノ酸組成差は小さい. FAO の必須アミノ酸推奨量と対比すると, 小麦粉は成人でのリジンが不足し, スレオニンも少ない. 窒素施肥量増加で不足はさらに悪化する. 胚乳にはグルタミン酸とプロリンが多く, 塩基性アミノ酸が少ないが, アリューロンと胚芽には胚乳に比べるとグルタミン酸とプロリンが少なく, アルギニンとアスパラギン酸が多い. 胚乳の外側に近い部分はグルタミン酸とプロリンが多いが, リジンが少ない (表 1.16).

**表 1.16** 小麦胚乳部位別アミノ酸組成（アミノ酸 N の g/全 N 100 g）（Kent *et al.*, 1969）

| アミノ酸 | アリューロンに近い胚乳 | 内部胚乳 |
| --- | --- | --- |
| イソロイシン | 2.17 | 2.33 |
| ロイシン | 4.11 | 4.36 |
| リジン | 1.77 | 2.15 |
| メチオニン | 0.62 | 0.65 |
| シスチン | 1.24 | 1.24 |
| フェニルアラニン | 2.66 | 2.52 |
| チロシン | 1.44 | 1.42 |
| スレオニン | 1.88 | 2.1 |
| バリン | 2.68 | 2.87 |
| ヒスチジン | 3.02 | 3.05 |
| アルギニン | 6.05 | 6.93 |
| アラニン | 2.27 | 2.62 |
| アスパラギン酸 | 1.86 | 2.25 |
| グルタミン酸 | 21.08 | 18.99 |
| グリシン | 3.48 | 3.63 |
| プロリン | 9.2 | 8.26 |
| セリン | 4.81 | 4.78 |

#### b. 主要タンパク質の分類

　小麦粒のタンパク質はグルテンタンパク質と非グルテンタンパク質に分けられる．グルテンタンパク質はプロラミンに分類されるグリアジンとグルテリンに分類されるグルテニンで構成され，非グルテンタンパク質のアルブミンとグロブリンは構造，代謝および貯蔵タンパク質である．

　Osborne の古典的分画法では，水でアルブミンの抽出，薄い NaCl 溶液でグロブリンの抽出，70 %（v/v）エタノールでグリアジンの抽出を行い，抽出不能タンパク質をグルテニンと呼んだ（図 1.16）．その後，グルテニンは薄いアルカリまたは酸（酢酸が多い）で抽出される画分を指すようになった．しかし，溶媒への溶解性と抽出性は同じではないので混乱が生じ，分子特性を考慮した方法が新たに提案されている（Shewry *et al.*, 1985）．抽出法も多く研究され，pH 7 でドデシル硫酸ナトリウム（SDS）を含むリン酸塩緩衝液による連続抽出で高い回収率を得た（Bean *et al.*, 2001）．図 1.17 には抽出性による小麦主要タンパク質の分類を示す（Bonomi *et al.*, 2013）．

## 1.5 小麦粒主要成分の科学

アルブミン　　　グロブリン　　　グリアジン

グルテニン　　　不溶性残渣タンパク質

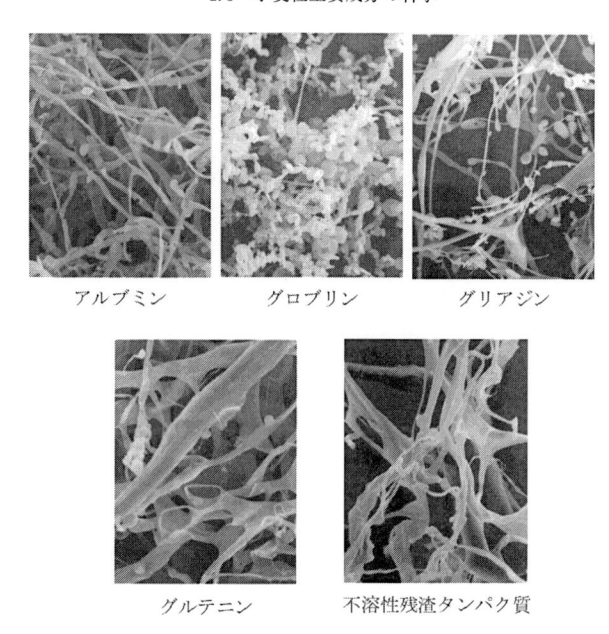

**図 1.16** 小麦粉中のタンパク質（走査型電子顕微鏡による．各×約 400）（長尾，1998）

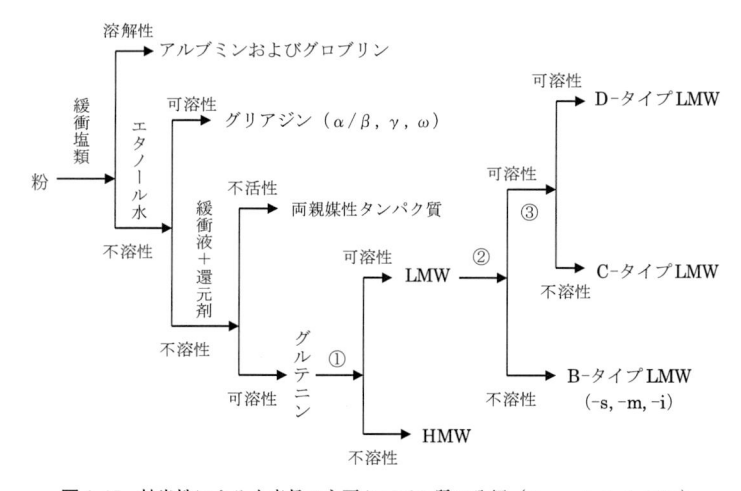

**図 1.17** 抽出性による小麦粉の主要タンパク質の分類（Bonomi *et al.*, 2013）

タンパク質のアルコール可溶性はそのタンパク質を構成するサブユニットが鎖間ジスルフィド（S-S）結合で安定な重合体に凝集しているかで決まる．グリアジンのサブユニットはS-S結合のもとになるシステイン残基を含まないか，あるいは含んだとしてもそれらは鎖内S-S結合を形成するのみだが，グルテニンのサブユニット（GS）は鎖間および鎖内結合の両方を形成する．欧州小麦17点を分析した結果を平均すると，小麦のタンパク質の約80％がグルテンタンパク質で，約30％がグリアジン，32.5％が低分子量グルテニンサブユニット（LMW-GS），16.6％が高分子量グルテニンサブユニット（HMW-GS）だった（Seilmeier et al., 1991）．サイズ排除高性能液体クロマトグラフィーによって全抽出タンパク質を分別すると重合体グルテンタンパク質（P1），単量体グルテンタンパク質（P2），非プロラミンタンパク質（P3）に分かれ，ピークP2とP3には非グルテンタンパク質が含まれる（Preston et al., 2003）．

c. グリアジン

グリアジンは分子量28,000～55,000の単量体タンパク質である．分子間水素結合と非極性アミノ酸側鎖間の疎水性結合の形成，および粉中の脂質との相互作用によってグルテン形成に参加し，生地の伸展性を決める．酸性pHのポリアクリルアミドゲル電気泳動（A-PAGE）上での移動度によって，$\alpha/\beta$, $\gamma$および$\omega$画分に分類され，$\alpha/\beta$-と$\gamma$-グリアジンの分子量は30,000～45,000である．$\alpha$-と$\beta$-グリアジンはA-PAGE上の移動度は異なるが，短い非反復N末端ドメイン，2つのプロリンとグルタミンが多い配列の反復で形成されるシステインを欠くセントラルドメイン，および6つのシステイン残基とほとんどの電荷アミノ酸を含む長いC末端ドメインを持つ非常に似た構造なので，1つのグリアジンタイプと考えられる（Kasarda et al., 1987）．$\gamma$-グリアジンは短いN末端ドメイン，反復したプロリンとグルタミンが多い配列で形成される反復セントラルドメイン，および8つのシステイン残基とほとんどの電荷アミノ酸を含むC末端ドメインで構成される．$\omega$-グリアジンの分子量は44,000～55,000で，その組成と構造は$\alpha/\beta$-や$\gamma$-グリアジンとはまったく異なり，システインを欠き，残基の80％がグルタミン，グルタミン酸塩，プロリン，フェニルアラニンの単一反復ドメインを持つ．

$\omega$-と$\gamma$-グリアジンは相同グループ1染色体の短腕上の *Gli-1* 遺伝子座(*Gli-A1*, *Gli-B1*, *Gli-D1*)にあるしっかり結合した遺伝子のクラスターで，$\alpha/\beta$-グリア

ジンは相同グループ6染色体の短腕上の *Gli-2* 遺伝子座（*Gli-A2, Gli-B2, Gli-D2*）で制御される（Payne, 1987）．硫黄が多いグリアジン（α と γ タイプ）とLMW-GS の構造は似ている．γ-グリアジンが α-グリアジンより伸びた構造なのは，規則正しく伸びたらせん構造を形成する高度な保護反復配列による．α-グリアジンの反復ドメインは2つの不完全な保護モチーフに基づく反復からなるので，規則正しい構造をつくりにくい．

**d. グルテニン**

グルテニン画分は分子量が約 60,000～10,000,000 以上の S-S 結合タンパク質で構成され，SDS-PAGE の移動度で HMW-GS と LMW-GS に分けられる．不溶性と可溶性グルテニン画分の溶解性の違いは重合体画分の大きさ分布の差により，鎖間および鎖内 S-S 結合が減少すると，GS はグリアジンと同じようにアルコール水に溶解性になる（Wieser, 2007）．単量体と重合体グルテンタンパク質の比，および臨界分離値より大きい凝集体（不溶性グルテニン，グルテニン巨大重合体，抽出不能重合体タンパク質など）の量はグルテン性状に関係し，タンパク質含量とパン体積の関係の勾配を決める．

HMW-GS はグルテンタンパク質ファミリー内で 5～10% を占めるが，その量は生地特性に大きく影響し，染色体 1A，1B，および 1D の長腕上の *Glu-1*（*Glu-A1, B1*，および *D1*）遺伝子座によってコード化される．各遺伝子座は2つのしっかり結合した遺伝子を持ち，x および y タイプというサブユニット（分子量はそれぞれ 83,000～88,000 および 67,000～74,000）をコード化する（Payne, 1987）．*Glu-1* 遺伝子の一部は発現しない（サイレントである）ので，3～5 のHMW-GS 遺伝子のみが普通小麦品種に発現する．HMW-GS タイプ 1Dx，1Dy，および 1Bx は常に発現するが，1By と 1Ax を発現するのは一部の品種である．また *Glu-B1* または *Glu-A1* 遺伝子座によって1つのサブユニットが発現するとき，それは常に x タイプである．パン小麦品種の"Cheyenne"と"Chinese Spring"の *Glu-A1* 遺伝子座に2つの表現型として現れない y タイプ遺伝子が見つかり，*Glu-A1* 遺伝子座の y タイプ遺伝子は栽培と野生型の2倍体と4倍体小麦の一部で発現する（Margiotta *et al.*, 1998）．カナダのパン小麦数品種はサブユニット 1Bx7 の対立遺伝子型（*1Bx7* と *1Bx7*\**）を含み，*1Bx7* 対立遺伝子は *1Bx7*\* 対立遺伝子より HMW-GS 比率が高い．この *Glu-B1al* と命名された対立

遺伝子は広く分布し,生地特性にプラスの影響を与える(Vawser *et al*., 2004).

これまでに40以上のHMW-GS遺伝子の特徴が明らかになっている.HMW-GSは3つの構造ドメイン(80~105残基の非反復N末端ドメイン,反復セントラルドメイン,および42残基のC末端ドメイン)からなる(Shewry, 1992).NおよびC末端ドメインには電荷残基が多くあり,鎖間と鎖内S-S結合を形成するシステイン残基を含む.セントラルドメインは分子間水素結合を促進する反復配列からなる(Shewry, 2002).HMW配列の多くでは,xタイプサブユニットが4つのシステイン(N末端ドメインに3つ,C末端ドメインに1つ)を含み,yタイプサブユニットは7つのシステイン(N末端に5つ,反復ドメインに1つ,C末端の近くに1つ)を持つ.S-S結合が大きなグルテニン凝集体の形成を通してグルテンの弾性を決定するので,システイン残基の数は重要である.

小麦遺伝子型の製パン性は特異的なHMW-GS遺伝子の発現と関係がある.たとえば,1Dx5サブユニットはセントラルドメインにある付加的なシステイン残基のためにグルテニン巨大重合体中で分枝効果を持つと考えられる.反対に,N末端領域に2つのシステインがないサブユニット1Bx20を持つ品種は加工性が劣る(Feeney, 2003).HMW Bx7, Dy10,およびDy12タイプの差も明らかになっている.

LMW-GSはHMW-GSより多く,SDS-PAGEの移動度によってB,C,およびDタイプに分類される.Bタイプが最も多くて分子量は42,000~51,000,CおよびDタイプの分子量は30,000~40,000および55,000~70,000である.Dタイプはグルテニン重合体中で鎖間S-S結合を形成させる付加的なシステインを持つω-グリアジン様タンパク質に類似している.Cタイプは$α/β$-と$γ$-グリアジンと似ているが,鎖間S-S結合をつくるのに用いられると思われる余分の対になってないシステイン残基を持つグループのタンパク質である.グリアジンをコード化する遺伝子座とCタイプをコード化する遺伝子座はしっかり結合しており,LMW-GSは,*Glu-3*遺伝子座によるだけでなく,*Gli-1*と*Gli-2*遺伝子座と結合するか内部に含まれる遺伝子によってコード化される(Pogna *et al*., 1995).奇数のシステインがあるCおよびDタイプがグルテニンの重合体鎖の成長で鎖ターミネーター(終結者)として作用し,粉品質にマイナスの影響を与える.Bタイプはポリペプチドの最初のアミノ酸残基(セリン,メチオニン,ま

たはイソロイシン）によってそれぞれLMW-s，LMW-m，およびLMW-iタイプに分けられる．LMW-sタイプサブユニットが最も多く，その分子量（35,000～45,000）はLMW-mタイプサブユニットの30,000～40,000より高い（Masci, 1995）．LMW-iタイプはおもに*Glu-A3*遺伝子座の遺伝子でコード化され（Ferrante *et al.*, 2004），他の2タイプと同数のシステイン残基（8つ）を持つが，N末端ドメインがなく，システインのすべてがC末端ドメインに局在する．このシステイン分布の差がグルテニン重合体形成とグルテンの機能性に影響する．LMW Bタイプは取り込まれるとグルテニン重合体を伸展させる（鎖エクステンダー）．LMW CおよびDタイプは重合体鎖に取り込まれると鎖ターミネーターとして振る舞うが，その理由は鎖間連鎖に使える付加的な遊離システインがないために鎖がさらに伸びるのを防ぐからである．HMW-GSと異なり，LMW-GSは異種のプロフィールを持つ多くの成分を含む．

　HMW-GSは溶液中で伸びた構造になり，大きさはサブユニット1Bx20の約50×1.8 nmから，1Dx5の4コピーの149残基部分からなる63.8 kDaペプチドの90×1.5 nmまで幅がある（Shewry *et al.*, 2006）．HMW-GSの非反復NとC末端ドメインは球状構造を持つ．1Dx5の残基5～32が$\alpha$-ヘリックスの連続鎖を形成するが，1Bx7中のこの配列は$\alpha$-ヘリックスの3つの短い鎖（残基6～13, 16～20, 24～26）を形成する（Köhler *et al.*, 1997）．

　HMW-GSとLMW-GSに関係するS-S結合には，サブユニット1Bx7のN末端ドメイン中のCys 10とCys 17間の鎖内結合，yタイプサブユニットの反復ドメインにあるシステイン（1By9のCys 564または1Dy10のCys 507）とLMW-GSのC末端ドメイン中の対でないシステインの間の鎖間結合，およびサブユニットに平行して結合する2つのyタイプサブユニット（1By9および/または1Dy10）の隣接システイン（Cys 44, 45）間の2つの鎖間結合がある（Shewry *et al.*, 1997）．

　グルテニンは，HMW-GSの非ペプチド反復モチーフ中にある隣接チロシン残基の組合せ間に形成されるジチロシン橋かけ結合も含む．このペプチド間のジチロシン橋かけ結合の形成は，臭素酸カリウムを添加すると増加する（Tilley *et al.*, 2001）．

#### e. グルテンに関係する他のタンパク質

$\beta$-アミラーゼとグルテニンが結合して不溶性で酵素的に活性な複合体が形成される。高分子量アルブミンとして染色体 4DL, 4AL, 5AL 上の $\beta$-Amy-1 遺伝子座によってコード化される 3 つの $\beta$-アミラーゼが単量体および S-S 結合凝集体として存在し，$\beta$-アミラーゼより分子量が小さく，$\beta$-アミラーゼに特異的な抗血清と反応しない低分子量アルブミンもある (Gupta et al., 1991)．高分子量アルブミンはそれ自身と重合体を形成しやすいが，$\beta$-アミラーゼと LMW-GS も S-S 結合によって重合する．デュラム小麦にはグルテニン重合体と非共有結合する低分子量のグルテニン 1 と 2（$\alpha$-アミラーゼインヒビターサブユニット CM3 および CM16 に相当）がある．これらのタンパク質の一部は生地形成の際に疎水力によってグルテンタンパク質に結合し，生地特性に影響を与える (Kobrehel et al., 1991)．

#### f. 加工特性との関係

粘着性生地になる一粒小麦，エンマー小麦，スペルト小麦は，現代品種よりグリアジン／グルテニン比が高い．グリアジンが多いと生地の力を弱めてパン体積を小さくするが，生地伸展性は増す．HMW-GS／LMW-GS 比が高い小麦粉は生地の力が強い．x タイプ HMW-GS は y タイプより生地特性への影響が大きく，反復ドメインの長さや反復モチーフの頻度と保護度などの構造特性に関係する (Kasarda et al., 1989)．カナダ品種 "Glenlea" は HMW-GS 1Bx7 の過剰発現が特徴で，HMW-GS／LMW-GS 比と x／y タイプ比が高く，生地形成時間が長くて，力が強い (Wieser et al., 2001)．HMW-GS／LMW-GS 比は硫黄欠乏でも上昇する．

重合体中の HMW-GS／LMW-GS 比は分子量とともに上昇し，x／y タイプ比は遺伝子型によって約 1.7〜3.2 である (Shewry et al., 1986)．サブユニット 1Dx2, 1Dx5, 1Bx7, 1Dy10, 1Dy12 は多く，1Ax1, 1Ax2*, 1Bx6, 1By8, 1By9 は少ない．Glu-D1 遺伝子座に "d" 対立遺伝子（1Dx5＋1Dy10）を持つ小麦は "a" 対立遺伝子（1Dx2＋1Dy12）を持つ小麦より強い生地になり，これは 1Dx5 サブユニットの反復ドメインの最初の近くに余分なシステイン残基があることによる (Lafiandra et al., 1993)．

LMW-GS は直接または HMW-GS との相互作用で伸展性に重要な役割を果たす．デュラム小麦に多い s および m タイプ LMW-GS はパスタ品質と正の相関が，

α-と γ-グリアジンは負の相関がある（Porceddu *et al.*, 1998）．普通小麦の機能特性を決定する最も重要な要因の1つは LMW-GS 対立遺伝子の分子間 S-S 結合形成に使えるシステイン残基数で，サブユニットはグルテニン重合体鎖ターミネーター（奇数のシステイン残基を含む）または鎖エキステンダー（偶数のシステイン残基を含む）として作用する（Masci *et al.*, 1998）．i タイプ LMW-GS の N 末端ドメインにシステイン残基がないとグルテン網目構造の形成に反復ドメイン領域が関与しないが，C 末端ドメインに余分のシステイン残基を含み，典型的な LMW-GS 中にある8つのシステイン残基のすべてを保持する．システイン分布のこの差は，i, s, および m タイプサブユニットで形成される S-S 結合のパターンに影響する（Cloutier *et al.*, 2001）．LMW-GS とグリアジンの比率は中国風塩添加白めんの食感と正の相関がある（Hou *et al.*, 2013）．

**g. プロラミン関連低分子量タンパク質**

7S グロブリンは胚やアリューロン層の主要貯蔵タンパク質で，胚のグロブリンの分子量は 40〜55 kDa である．トリティシンは小麦タンパク質の約5％を占め，胚乳細胞のタンパク質ボディに堆積して，プロラミンマトリックス内で不連続な封入物を形成する（Bechtel *et al.*, 1991）．軟質小麦のデンプン表面タンパク質の SDS-PAGE パターンには 15 kDa のバンドがあるが，硬質小麦にはなく，これが穀粒組織を決定するフライアビリンである（Greenwell *et al.*, 1986）．

小麦の全アルブミンの 2/3 を占める α-アミラーゼの水溶性インヒビターのほとんどは小麦の酵素に対し不活性である．小麦は単量体（WMAI-1, 2）とホモ二量体（WDAI-1, 2, 3）の α-アミラーゼインヒビター，および2つのサブユニット（WTAI-CM1/2 と WTAI-CM16/17）の単一コピーと第3のサブユニット（WTAI-CM3B/D）の2つのコピーから構成される四量体の α-アミラーゼインヒビターを含む．それらはヒトの唾液と膵臓の α-アミラーゼに対し活性があるが抑制スペクトルが異なり，二量体インヒビターはヒトの唾液 α-アミラーゼに対して高度に活性だが，単量体は活性が低く，四量体はほとんど活性がない（Salcedo *et al.*, 2004）．一方 WDAI-2/0-19 インヒビターはヒトの唾液と膵液の酵素に対して活性があり，WDAI-1/0-53 インヒビターは活性が低いが，膵液アミラーゼより唾液酵素への選択性が高い（Maeda *et al.*, 1985）．小麦からの粗インヒビター調製品は貯蔵穀物害虫の酵素に対して活性がある．α-アミラーゼイ

ンヒビターは胚乳細胞のタンパク質マトリックスの一部を形成する．$\alpha$-アミラーゼインヒビターファミリーのメンバーはアレルゲンとなり得るが，デュラム小麦のSH/SS交換反応に関与し，表面活性によって食品加工での機能性にも寄与する（Branlard et al., 2006）.

小麦には分子量が9 kDaの脂質転移タンパク質1と分子量が7 kDaの脂質転移タンパク質2がある．脂質転移タンパク質1は$\alpha$-ヘリックスに平行の位置にある脂質と，また脂質転移タンパク質2は$\alpha$-ヘリックスに直角の位置にある脂質と結合する（Pons et al., 2003）.

### h. その他のタンパク質

小麦胚芽にはキチンを含むN-アセチルグルコサミンと結合するアグルチニンがあり，悪性細胞に結合して癒着を起こす力がある．小麦粒のwheatwin 1, 2, 3, 4は鎖内S-S結合を形成する6つのシステイン残基を持つ125残基のタンパク質で，4つともに抗真菌特性を持つ（Caruso et al., 2001）．分子量が32〜33 kDaのトリチン1, 2, 3（リボソーム不活性化タンパク質，全可溶性タンパク質の約2%）も細胞質にあり，抗真菌特性を持つ（Van Damme et al., 2001）．小麦のピューロチオニンには$\alpha_1$, $\alpha_2$, $\beta$があり，似た配列で4つの鎖内S-S結合を持つ45のアミノ酸残基で構成される．幅広い生物体に高い毒性があるが，ヒトに有害だという証拠はない．

## 1.5.2 炭水化物

### a. デンプン

#### 1) 含量，形状，大きさ

小麦粒の炭水化物組成を表1.17に示した．胚乳の約70%はデンプンだが，外皮や胚芽には少ない．軟質小麦は硬質小麦よりデンプンが多く，胚乳では粒の中心に近いほど多い．直径15〜30 $\mu$mのレンズ状のA粒と直径10 $\mu$m以下で多面体から球形までの塊状のB粒で構成される．穀粒充填期間が長くなる低温の場合にのみ，非常に小さいC粒が現れる．開花するとA粒生成が始まり，19日目ころまでにでき上がり，ほとんど増えない．B粒は開花後10日目ころから生成が始まり，21日目ころまでにほぼでき上がるが，その後も増える．A粒が重量で90%以上，数では約10%だが，品種や生育条件で差がある．

## 2) 成 分

アミロースは重合度が 100〜1,500，鎖長が 50〜500，アミロペクチンは重合度が 50,000〜500,000，鎖長が 20〜25（Stone *et al.*, 2009）である（図 1.18）．小麦のアミロース含量は 18〜35 %（通常の小麦は 21〜28 %）で，糊化特性と関係が深い．含量は品種で決まり，デュラム小麦はやや高く，軟質小麦はやや低い．

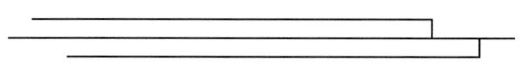

1990 年代前半，農林水産省の農業研究センターと東北農業試験場がアミロース含量 0 のモチ性小麦を作出した．アミロース合成は $Wx$（ワキシー）遺伝子が

**表 1.17** 小麦粒の炭水化物組成（長尾，2011）

| 種　類 | | 含有量（乾物量 %） |
|---|---|---|
| 単糖類 | グルコース | 0.03〜0.09 |
| | フルクトース | 0.06〜0.15 |
| 二糖類 | スクロース | 0.54〜1.55 |
| | マルトース | 0.05〜0.18 |
| オリゴ糖類 | ラフィノース | 0.19〜0.68 |
| | フルクトオリゴ糖 | 0.14〜0.41 |
| フルクタン | | 0.50〜2.5 |
| デンプン | | 63.2〜75.0 |
| 細胞壁多糖類 | セルロース | 2 |
| | アラビノキシラン | 5.8〜6.6 |
| | $(1\to3, 1\to4)$-$\beta$-D-グルカン | 0.55〜1 |
| | グルコマンナン | <1 |
| アラビノガラクタンペプチド | | 0.27〜0.38 |
| フィチン酸 | | 0.6〜1.0 |

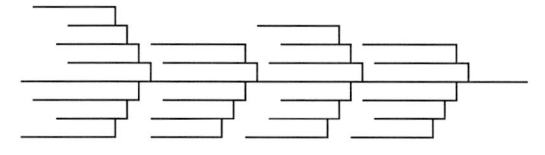

**図 1.18** アミロースとアミロペクチンの構造単位の模式図（長尾，2011）

支配し，Wxタンパク質がつくられる．小麦には3つの $Wx$ 遺伝子（$Wx$-$A1$，$Wx$-$B1$，$Wx$-$D1$）があるが，これらが同時に機能しないか消失する確率は非常に低いため，従来モチ性の小麦の作出は困難とされていた．上記研究グループは，可能性がある系統の交配により3つの遺伝子すべてを欠く小麦作出に成功した．その後，生化学的または分子マーカーを用いて標的遺伝子の特異的対立遺伝子変異体を結びつけ，アミロース含量が2％以下のモチ性，10〜18％の低アミロース（Yasui et al., 2002），35〜40％の高めのアミロース（Yamamori et al., 2000），70％以上の高アミロース（Regina et al., 2006）小麦が開発された．

モチ性小麦のデンプン粒は通常の小麦と似た粒度分布だが，より密で長い鎖が少ない．糊化開始温度，示差走査熱量測定の糊化エンタルピー，結晶性，最高粘度は高いが，最高粘度時の温度が低く，最高粘度の時間が短い（Kim et al., 2003）．機械的損傷への耐性が低く，吸水力が強い．デンプンの脂質含量は 0.12〜0.29 g/100 g で，通常小麦より低い（Yasui et al., 1996）．モチ性デュラム小麦のデンプンは通常のデュラム小麦より膨潤力が高い（Grant et al., 2001）．モチ性小麦の粉だけでは良いパンができないが，添加量20％までのパンは内相が軟らかく，老化が遅い（Hayakawa et al., 2004）．モチ性小麦の粉100％のうどんは軟らかく，密で，粘弾性があり，即席めんはめん線が密で，油揚げ中にくっつき，軟らかく，粘着性がある．パスタは硬さが低下し，粘着性が増す．オーストラリアのヌードル品種はアミロース含量が低めで，デンプンの糊化粘度が高く，膨潤力が高い．国内でも，製めん適性が良いやや低アミロース小麦の開発が盛んである．

### 3) 構 造

デンプン粒構造はおもに $\alpha$-1,4 と $\alpha$-1,6 グルコシド結合の頻度と配列で決まる．鎖重合度が約10残基になると，$\alpha$-1,4 結合したグルコシル残基はらせん領域を形成でき，アミロペクチンの外側の鎖の直線領域がデンプン粒中で整列したときに，半結晶性の二重らせん配列を形成する（Waigh et al., 2000）．そのような整列を作る鎖の組合せをクラスターと呼び，アミロペクチンの外側の鎖の間に広がるアミロース分子の領域も含む．4〜10クラスターで構成される貝殻のような層またはラメラ（薄層）で配列し，100 nm までである．クラスターのらせん配列を含む上位次元のブロックレットと呼ぶ整列領域は直径 25〜500 nm で，部

分的酵素消化後にもみられる．デンプン粒外層には 10～100 のクラスターで構成される厚さ 100 nm～1 μm の同心の生長リングがあり，分解攻撃に耐える．A 粒には約 10～20 の生長リングがあり，アミロース含量と生長リング厚は逆相関がある．平均リング厚はモチ性品種"Leona"（アミロース含量 1.5 %）が 182 nm，低アミロース品種"Beseda"（同 11.2 %）が 240 nm，高アミロース品種"Bulava"（同 39.5 %）が 312 nm である（Yuryev et al., 2004）．

アミロース 1 分子あたりのヨウ素親和力は 19.9 g/100 g，平均重合度は 1,230（190～3,130），平均鎖長は 270，平均 $\alpha$-1,6 結合数は 4.8，$\beta$-デンプン分解限度は 82 % である．通常小麦デンプンのアミロペクチンの平均分子量は 310 g/mol × $10^{-6}$，旋回半径は 302 nm で，モチ性小麦デンプンのそれらは 520 g/mol × $10^{-6}$ と 328 nm である（Yoo et al., 2002）．アミロペクチンには A 鎖（還元基を通してのみ $\alpha$-1,6 結合に参加する鎖），B 鎖（還元基を通して $\alpha$-1,6 結合に参加するが，$\alpha$-1,6 結合によって結合する 1 つ以上の分枝鎖を持つ鎖），C 鎖（還元基を持つ鎖）がある（Hizukuri et al., 1990）．小麦デンプン粒の X 線回折図は A タイプで，結晶化率は通常 12～14.5 % だが，アミロース含量が異なる場合には 23～30 % である．小麦デンプン粒は粒結合デンプンシンターゼ，デンプンシンターゼ I，分枝酵素 IIa と IIb，デンプンシンターゼ IIa などのタンパク質を含み，高分子量分枝酵素 I も結合する（Peng et al., 2000）．デンプン粒表面にはピューロインドリン，フライアビリン，穀粒軟化タンパク質がある（Darlington et al., 2000）．

**4） 糊化特性**

小麦粉 65 g と水 450 mL の懸濁液をアミログラフにかけると，55℃ あたりから糊化が始まり，60℃ を越えるとチャート上で粘度上昇が見える．70℃ ではデンプンの 60～65 % が，75℃ では約 80 % が糊化し，85℃ 以上でデンプンが膨潤して構造破壊が完了し，粘度が最高になる（図 1.19）．ゆでうどんの軟らかいが適度の弾力がある食感は，糊化デンプンの性質によるところが大きい．食パンが形を保ち，ふわっとした内相を維持できるのも，グルテン網目構造中の糊化デンプンによる．ケーキ構造を形成する気泡膜は主として糊化デンプンででき，膨らみや食感に糊化デンプンが大きな役割を果たす．

デンプンの糊化特性は品種と生育や収穫条件で決まる．通常の栽培でアミログラフ最高粘度が 400 B.U. 以上（B.U. は Brabender unit の略）なら，品種として

問題ない．めん用としては糊化開始温度が低い方が均一にゆでることができ，オーストラリア小麦には低いものがある．$\alpha$-アミラーゼ活性が強いと粘度が低くなり，良質の加工品をつくれない．

デンプン糊化粘度測定にはラピッド・ビスコ・アナライザーという装置も使われる．また，糊化温度は示差走査熱量測定でも測定でき，そこで現れる2つの吸熱ピークは，それぞれ糊化温度とアミロース・脂質複合体の融解温度に相当する．通常小麦のデンプンの糊化開始温度は55～60℃で，エンタルピーは10.2～13.6 J/gである．小麦ではアミロペクチン鎖の平均長さと糊化開始温度が正の相関がある（Kohyama et al., 2004）．膨潤特性の差は活性粒結合デンプンシンターゼ遺伝子座数の差によるもので，粒結合デンプンシンターゼ含量が低い小麦は高い膨潤表現型を示す（Batey et al., 2001）．デンプン脂質が多いとアミロース・脂質複合体が形成されてアミロース移動が抑制されるので，粒の膨潤にマイナスの影響を与える（Morrison et al., 1993）．

**5） 損傷と老化**

デンプン損傷は製粉法と穀粒組織の相互作用で起こる．製粉で損傷されると水を多く吸い，温度上昇で糊化が早まり，イースト発酵で消費されやすくなる．焼成後にはアミロースの老化が急速に起こるが，長い貯蔵ではアミロペクチンの老化も起こる（Gray et al., 2003）．デンプンの老化進行にはパン内部の水再分布や，タンパク質とデンプンの相互作用も関係する．老化阻止の方法には，ヒドロキシメチルセルロース，穀物ペントサンなどのポリマー，乳化剤，$\alpha$-アミラーゼ，

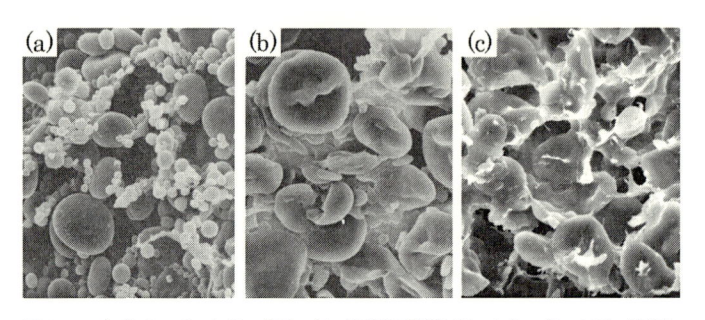

**図1.19** 小麦デンプンとその糊化（走査型電子顕微鏡による；各×360）（長尾，1998）
(a) 生のデンプン，(b) 85℃に加熱したデンプン，(c) ほぼ完全に糊化したデンプン．

キシラナーゼ，セルラーゼ，β-グルカナーゼなどの酵素の添加，化学的処理（ヒドロキシプロピル化など）または遺伝的修飾デンプン（モチ性小麦デンプンなど）の使用などがある．

**b. 単糖，二糖，オリゴ糖，フルクタン**

水または80％（w/v）エタノールで抽出可能な低分子量炭水化物が，胚，アリューロン層，胚乳に少量含まれる．単糖は炭水化物代謝中間産物で，D-グルコースとそのケトヘキソース異性体のD-フルクトースのような還元アルドヘキソース単糖と，少量だがそれらのリン酸化型がある．二糖としてはスクロースが最も多く，その6-α-o-D-ガラクトピラノシル誘導体，ラフィノース，β-D-フルクトシル誘導体である1-ケストースと6-ケストースもある．マルトースとメルビオースも少量あり，オリゴ糖としてはラフィノースやフルクトオリゴ糖がある．アリューロン層にはスクロース，ラフィノース，ネオケストース，フルクトシルラフィノースがある．

小麦のフルクタンはイヌリンタイプで，スクロースのフルクトシル残基に(2→1)-β結合したβ-D-フルクトフラノシル残基の鎖で構成され，(2→6)-β結合による分枝もある．小麦粒には1.3〜2.5％（w/w）含まれ，胚に多いが，胚乳にもある．

**c. 細胞壁多糖類**

胚乳，アリューロン層，胚盤，胚軸の非リグニン化一次細胞壁は（グルクロノ）アラビノキシランを多く含み，胚乳とアリューロン層のそれは(1→3,1→4)-β-D-グルカンである．胚乳とアリューロン層にはセルロースとグルコマンナンも少量ある．果皮のリグニン化した二次細胞壁はセルロースが60％，（グルクロノ）アラビノキシランが30％，(1→3,1→4)-β-D-グルカンが1.2％で構成される（Harris et al., 2005）．珠心にはスベリン，種皮にはクチン，果皮の表皮細胞壁にはクチンと二酸化ケイ素が少量含まれる．

セルロースは小麦に2％，小麦粉に0.3％含まれ，胚乳とアリューロン層の一次細胞壁では約2％だが，果皮や種皮の二次細胞壁には30％ある．セルロースは(1→4)結合したβ-D-グルコピラノース単位で構成されるホモポリマーで，一次細胞壁では6,000，二次細胞壁では最高14,000のグルコース単位よりなり，分枝しないで長くつながった分子鎖がリボン様である．

グルコマンナンは胚乳とアリューロン層の細胞壁に少量存在する．アラビノキシランは一次および二次細胞壁のおもなヘミセルロースで，(1→4)グルコシド結合による$\beta$-D-キシロピラノシル残基の主要連鎖を持つが，$\beta$-D-キシロピラノシル残基の一部は3の位置，または2と3の位置で$\alpha$-L-アラビノフラノシル残基により置換される．胚乳とふすまのアラビノキシランは2の位置にも$\alpha$-L-アラビノフラノシル残基があり，果皮と種皮の二次細胞壁のアラビノキシランは$\beta$-D-キシロピラノシル単位の2の位置で4-$o$-メチル$\alpha$-D-グルクロン酸による置換も受ける（Schooneveld-Bergmans *et al.*, 1999）．水溶性アラビノキシランの分子量は研究者によって65,000から800,000〜5,000,000（重合度5,000〜38,000）まで差があり，高い値は分子凝集を反映していると考えられる．アラビノキシランの単純平均分子量に対する重量平均分子量の比はアルカリ可溶性アラビノキシランが1.3〜2.5，水溶性アラビノキシランが4.2である．アラビノキシランは分子間の共有橋かけ結合によりゲルを形成し，このゲルは多糖1gあたり100gまでの水を保持できる．

胚乳細胞壁の20％，アリューロン層細胞壁の29％は(1→3,1→4)-$\beta$-D-グルカンで，胚乳細胞壁のそれは65℃の水で抽出できない．これは分枝がない重合体で，$\beta$-D-グルコピラノシル残基が(1→3)と(1→4)グルコシド結合でつながっている．29品種の普通小麦の粉における含量は0.52〜0.99％である（Beresford *et al.*, 1983）．小麦ふすまから精製したものの平均分子量は487,000で（Li *et al.*, 2006），水溶性であり，粘度が高く，他穀物のものより結合ゾーンを形成しやすく強い3次元網状組織を作る．ゲル融解温度は分子量増加とともに上昇し，高分子量のそれは安定な網状構造を形成する．

### 1.5.3 脂　質
#### a. 含量と組成

小麦の単純脂質は炭化水素，ワックスエステル，ステリルエステル，グリセロールエステル，脂肪酸を含む2タイプの構造を持つ非極性脂質で，複合脂質はリン脂質と糖脂質を含む2タイプ以上の構造を持つ極性脂質である．非極性脂質はアシルグリセロール（グリセリド），少量のステリルエステル，アシル化糖脂質を含み，遊離脂肪酸は少し極性を持つが非極性脂質と考えられる．けん化性脂質と

非けん化性脂質にも分けられ，存在場所で非デンプン脂質，デンプン表面脂質，デンプン脂質に，抽出しやすさで遊離脂質，結合脂質，非デンプン脂質，加水分解生成脂質にも分類できる（図1.20）．

ストレート粉の遊離脂質は乾物量ベースで粉10 g中に92.8 mg（82〜101 mg），うち非極性脂質は74.1 mg（61〜83 mg），糖脂質は12.8 mg（10〜17 mg），リン脂質は4.9 mg（4〜6 mg）である（Chung et al., 2002）．小麦粉中の脂質の約40％がデンプン脂質，60％が非デンプン脂質で，非デンプン脂質の約60％は遊離脂質画分に，40％は結合脂質画分にあり，粉の遊離脂質は非極性脂質75％と極性脂質25％で構成される（表1.18，表1.19）．

**b. 機能性**

**1) 栄養面の役割**

小麦脂質の20〜25％が飽和脂肪酸（パルミチン酸が17〜24％，ステアリン酸が1〜2％）で，栄養上優れた脂肪酸組成である．全脂質，非デンプン全脂質，遊離脂質の主成分はトリアシルグリセロールである．胚芽にはフィトステロールが多く（>413 mg/100 g）（Phillips et al., 2005），腸でのコレステロール吸収を抑える効果がある．トコールを含む抗酸化物質はアリューロン層と胚芽に多い．小麦ふすま粉末は，ヒドロキシルラジカル捕捉に関し，他の穀物由来の食物繊維源よりも優れている（Martinez-Tome et al., 2004）．

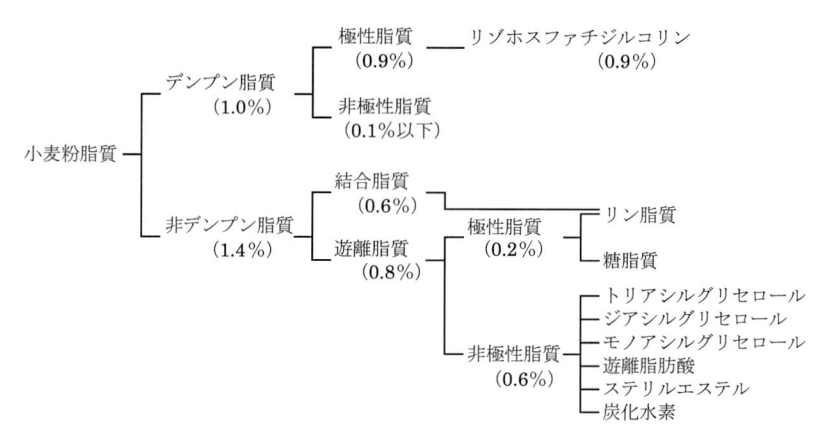

図1.20 小麦粉中のおもな脂質の分類と含量（長尾，2011）

**表 1.18** 小麦粒部位別の遊離脂肪酸含量
(MacMasters *et al.*, 1971)

| 部位 | 重量 (%) | 遊離脂質含量<br>(画分の重量 %) |
|---|---|---|
| 小麦全粒 | 100 | 1.8 |
| ふすま | 3.8〜4.2 | 5.1〜5.8 |
| 果 皮 | 5.0〜8.9 | 0.7〜1.0 |
| 種 皮 | 0.2〜1.1 | 0.2〜0.5 |
| アリューロン | 4.6〜8.9 | 6.0〜9.9 |
| 胚 乳 (全体) | 74.9〜86.5 | 0.8〜2.2 |
| 　　　(外側) | | 2.2〜2.4 |
| 　　　(内部) | | 1.2〜1.6 |
| 胚 芽 (全体) | 2.0〜3.9 | 28.5 |
| 　　　(胚軸) | 1.0〜1.6 | 10.0〜16.3 |
| 　　　(胚盤) | 1.1〜2.0 | 12.6〜32.1 |

**表 1.19** 小麦・小麦粉の全脂質,小麦各部位・小麦粉の非デンプン脂質,およびデンプン中の脂質組成(長尾,2011)

| | | 全脂質 | | 非デンプン脂質 | | | | デンプン<br>中の脂質 |
|---|---|---|---|---|---|---|---|---|
| | | 小麦全粒 | 小麦粉 | 胚芽 | アリューロン | 胚乳 | 小麦粉 | |
| 小麦粒中含量 (μm) | | 916〜<br>1244 | | 270〜<br>319 | 220〜387 | 259〜<br>387 | | 139〜<br>256 |
| 小麦粒中含有率 (%, w/w) | | 100 | | 26〜29 | 24〜31 | 28〜31 | | 15〜21 |
| 部位 100 g 中の含量 (mg) | | 2540〜<br>3328 | 2630〜<br>2770 | 25738〜<br>30382 | 8656〜<br>10626 | 848〜<br>1093 | 1703〜<br>1953 | 773〜<br>1171 |
| | | 全脂質中 % | | 非デンプン脂質中 % | | | | デンプン<br>脂質中 % |
| 脂質組成 | (非極性脂質) | 44.4〜<br>56.9 | 42.1〜<br>43.2 | 83.7〜<br>84.8 | 72.3〜<br>79.5 | 33.2〜<br>45.7 | 58.2〜<br>60.9 | 4.4〜<br>5.9 |
| | (糖脂質) | 12.5〜<br>14.4 | 16.4〜<br>19.0 | 0〜<br>3.6 | 6.7〜<br>9.8 | 30.7〜<br>38.3 | 23.3〜<br>26.8 | 1.2〜<br>5.5 |
| | (リン脂質) | 30.6〜<br>41.5 | 37.8〜<br>39.0 | 15.2〜<br>16.8 | 13.8〜<br>17.9 | 23.6〜<br>34.4 | 14.2〜<br>15.8 | 90.1〜<br>94.4 |

## 2) 二次加工における役割

　小麦粉の遊離脂質は製パンに影響する.ショートニングを含む配合で,脱脂小麦粉に遊離脂質の極性脂質画分を戻すと体積と内相すだちが完全に回復するが,非極性脂質を戻しても回復しない.極性脂質中では糖脂質がリン脂質より体積改

良効果が大きく，糖脂質中ではジガラクトシルジグリセリドが最も効果が大きい（Chung *et al.*, 1981）．非極性脂質では遊離脂肪酸，特にリノール酸が製パンにマイナスの影響を与える．

　パン体積と遊離脂質の含量または組成にも相関がある．モノガラクトシルジグリセリドとジガラクトシルジグリセリド含量はミキシング時間および内相すだちのスコアとそれぞれ正の相関があるが，非極性脂質／ジガラクトシルジグリセリドの比はそれらと負の相関がある（Ohm *et al.*, 2002）．極性脂質はグルテンタンパク質を疎水性相互作用によって開き，グルテンマトリックスを伸びやすくし，ガス胞を安定させ（Mohamed *et al.*, 2005），デンプン粒とも相互作用を起こして生地のレオロジー特性に影響する（Li *et al.*, 2004）．

　デュラム・セモリナから遊離脂質を除くとパスタの水溶性成分が増し，黄みが減少して，表面の粘着性とゆで溶けが増すが，脱脂セモリナに抽出した遊離脂質を加えると，スパゲティのゆで特性は完全に回復する（Matsuo *et al.*, 1986）．ウェスタン・ホワイト小麦の粉から遊離脂質を除くと乾めんの割れ，ゆで溶け，ゆでめんの切断が増し，ゆで時間と表面の硬さが低減するが，遊離脂質を戻すとゆで特性が回復する．遊離脂質中の非極性脂質はゆでめん表面の硬さ回復に最も有効で，極性脂質は非極性脂質より乾めんの割れを増す（Rho *et al.*, 1989）．小麦粉から遊離脂質を除くとレヤーケーキの体積と内相スコアが低下し，クッキーの直径と表面スコアが低下する．全遊離脂質かその極性脂質を粉に戻すとクッキーの直径は完全に回復するが，非極性脂質を戻しても少し回復するだけである（Clements *et al.*, 1981）．

### c. 貯蔵中の変化

　小麦貯蔵中には脂質の加水分解によって遊離脂肪酸が増加し，脂肪酸度が上昇し品質が劣化する（酸敗）．5年間貯蔵した小麦粉ではポリエン酸が少し減り，脂肪酸が著しく増加し，トリアシルグリセロールが減少した（Warwick *et al.*, 1979）．水分22％の小麦を貯蔵するとトリアシルグリセロールより速く極性脂質が分解するが，これはおもに微生物の酵素によると考えられる（Daftary *et al.*, 1965）．

### 1.5.4 水　分

　小麦水分は 8～14% が多いが，8% 以下となることもある．多い場合には乾燥機で水分調整をする．水分のうち，タンパク質や炭水化物などの成分と強く結びついた結合水は組織や細胞の状態維持に必要だが，それ以外の水（自由水）は少ないことが望ましく，多いと呼吸作用が盛んになり，重量減，発熱，熱損粒発生の原因になり，かびや細菌による汚染，害虫被害も受けやすい．水分含量 13.5% 以上ではこれらの危険が増す．合衆国では，春小麦は水分 14.5～16.0% のものをタフ，16.0% 以上をダンプ，冬小麦は 14.0～15.5% をタフ，15.5% 以上をダンプ小麦として別扱いし，カナダでも 14.6～17.0% をタフ，17.1% 以上をダンプ小麦として別扱いする．ドイツやフランスでは水分量によって価格をスライドする．

## ◀ 1.6　小麦粒微量成分の科学 ▶

### 1.6.1　酵素と酵素インヒビター

　小麦の酵素（表 1.20）は外皮と胚芽に多く，胚乳には比較的少ないが中心より周辺部に多い．健全粒は活性が低いが，発芽粒や未熟粒は活性が高い．

#### a. デンプン分解酵素
#### 1) $\alpha$-アミラーゼ

　$\alpha$-アミラーゼは健全デンプンに作用し，$\alpha$-1,4 グルコシド結合を不特定の場所で切断する．ただしアミロペクチンでの作用は非末端 $\alpha$-(1,4)-D-グルコシド結合か $\alpha$-(1,6)-D-グルコシド結合に隣接しない $\alpha$-1,4 グルコシド結合に限られる．分解でアミロースはマルトース（約 90%）とグルコースまたはマルトトリオースになり，アミロペクチンはそれらのほかに $\alpha$-デキストリンや $\alpha$-限界デキストリンなどの分枝オリゴ糖になる．$\alpha$-アミラーゼだけでデンプンを完全に分解するには時間がかかるが，共存する $\beta$-アミラーゼや限界デキストリナーゼも同時に作用して分解が進み，小麦粉糊の粘度が著しく低下する．$\alpha$-アミラーゼは健全小麦粒には少ないが，収穫直前に雨害を受けるか高水分のまま収穫後放置されると活性が高くなる．めんや菓子の加工では $\alpha$-アミラーゼ活性は低い方がよいが，製パンにはある程度の $\alpha$-アミラーゼが必要な場合もあり，麦芽やかびから

**表 1.20** 小麦中のおもな酵素（長尾, 2011）

| 分類 | | 酵素名 |
|---|---|---|
| 加水分解酵素 | デンプン分解酵素 | α-アミラーゼ<br>β-アミラーゼ<br>限界デキストリナーゼ |
| | 非デンプン分解酵素 | キシラナーゼ<br>α-L-アラビノフラノシダーゼ<br>β-D-キシロシダーゼ<br>(1-3, 1-4)-β-グルカナーゼ |
| | タンパク質分解酵素 | ペプチダーゼ |
| | エステラーゼ | リパーゼ<br>フィターゼ |
| 酸化還元酵素 | | リポキシゲナーゼ<br>ポリフェノールオキシダーゼ<br>ペルオキシダーゼ<br>カタラーゼ<br>アスコルビン酸オキシダーゼ<br>グルタチオン・デヒドロアスコルビン酸塩酸化還元酵素 |

調製した α-アミラーゼ製剤を添加することもある．ただし，自然に発芽した小麦粒にはタンパク質分解酵素なども含まれるので，この目的には使えない．

### 2) β-アミラーゼ

β-アミラーゼは鎖の末端から2番目の α-1,4 グルコシド結合を攻撃してマルトースにし，そこから α-1,6 グルコシド結合に到達するまで順に分解する．マルトースのほかにマルトトリオースからマルトペンタオースまでのオリゴ糖も少量できる．α-アミラーゼは健全な生デンプンに作用するが，β-アミラーゼは損傷デンプンや糊化デンプンに作用する．製パンでイースト発酵に使われる糖は，はじめは小麦粉中の少量のマルトースやその他の発酵可能な糖類で，その後は β-アミラーゼが水，熱，イーストが生成する酸の助けでデンプンに作用して生ずるマルトースである．小麦粉はその分解に必要なだけの β-アミラーゼを含む．

### b. 非デンプン多糖分解酵素

エンドキシラナーゼまたはキシラナーゼとも呼ばれるエンド-1,4-β-D-キシラナーゼがある．キシラナーゼはヘテロキシランのキシラン連鎖を不特定の場所で切断する．他のキシラン分解酵素が共存すると，ヘテロキシランは完全に分解さ

れる.キシラナーゼは小麦発芽の際にデンプンとタンパク質を利用されやすくし,生育中の細胞壁の分解と再生にも関係する.α-L-アラビノフラノシダーゼはアラビノキシランからα-L-アラビノフラノシル残基を放し,キシラナーゼやフェルロイルエステラーゼと相乗的に作用する.β-D-キシロシダーゼもあり,キシロオリゴ糖の非還元末端を攻撃し,キシロシル残基を放す.(1-3,1-4)-β-グルカナーゼは非デンプン多糖である(1-3,1-4)-β-グルカンを分解し,小麦生育中にキシラナーゼと同じ役割をする.(1-3)-β-グルカナーゼが多いと赤さび病耐性が高く,黒さび病や根頭腐敗病への耐性とも関連がある.

### c. タンパク質分解酵素

ペプチド結合を加水分解するのがペプチダーゼで,タンパク質中の1つのアミノ酸残基のアミノ末端と隣接するアミノ酸残基のカルボキシル末端の間のペプチド結合を攻撃する.小麦粉のペプチダーゼ活性が強いとグルテンがアミノ酸に分解され,その特性が失われる.小麦が発芽するとペプチダーゼ活性が強くなり,セリアック病(グルテンに対する免疫反応が引き金になって起こる自己免疫疾患)患者に有害なグリアジンペプチドを分解して9以下のアミノ酸を持つ毒性がない断片に開裂する.

アスパラギン酸ペプチダーゼは貯蔵タンパク質分解に関係する.クラッカー中種に小麦粉から精製した分子量約60,000のアスパラギン酸ペプチダーゼを添加すると,pH 4.0で伸張粘度を低下させる(Lin, 1993).セリンペプチダーゼは発達中および発芽中の胚に局在してタンパク質代謝に関係し,pH 7.5~10.5で最適活性を示す傾向があるが,適切に作用するためには活性部位にヒドロキシル官能基が必要である.メタロペプチダーゼは活性部位に亜鉛のような金属イオンの存在を必要とし,最適pHは7.0近辺,小麦粒発達後期に存在する.システインペプチダーゼは求核基がシステインのスルフヒドリル基の酵素で,触媒作用はセリンペプチダーゼに似ている.

### d. エステラーゼ

小麦のリパーゼには,発芽していないふすまのリパーゼ,発芽していない胚芽のリパーゼ,発芽中胚芽に生成するリパーゼの3タイプがある.活性は低いが,酸敗を起こすので貯蔵中の全粒粉やふすまの品質低下に関係する.小麦粉の平衡水分以下でも活性を保ち,トリアシルグリセロールを分解して非エステル化脂肪

酸を放出し，その濃度を増す．不飽和脂肪酸はヒドロキシペルオキシドに変わり，さらに分解して酸敗を起こす産物を産生する．

小麦のリンの 70〜75％はフィチン酸塩に貯えられ，フィターゼはフィチン酸塩を低イノシトールリン酸塩と無機リン酸塩に段階的に分解する．最初に加水分解する位置で 3-フィターゼと 6-フィターゼの 2 種類に分けられる．フィチン酸塩を多く含む穀物や豆類では，それがミネラルと結合してミネラルを消化しにくくする．小麦を 55℃，pH 5.0 で浸漬すると，フィターゼが活性化されてフィチン酸をほぼ完全に分解し，鉄利用性が増す（Sandberg et al., 1991）．また小麦全粒粉パンの製造では，長時間発酵，サワー生地発酵，酸添加などの方法によってフィチン酸の分解を進めることができる（Türk, 1996）．

### e. 酸化還元酵素

リポキシゲナーゼはリノール酸と他の $cis, cis$-1,4-ペンタジエン部分を含む多価不飽和脂肪酸を酸化して，モノヒドロペルオキシドにする．小麦には遊離脂肪酸を必要とする特異的なリポキシゲナーゼが少量あり，リノール酸から (S)-9-ヒドロペルオキシドを生成する．リポキシゲナーゼを多く含む大豆やソラマメの粉を製パンで添加すると，①多価不飽和脂肪酸の酸化，②色素の漂白，③遊離脂質量の増加，④生地ミキシング耐性の上昇，⑤パン体積増加，などの効果が期待でき，これらはグルテンタンパク質の酸化によるものと思われる．一方，デュラム小麦においてリポキシゲナーゼはパスタ製品のカロテノイド色素損失の原因になる．リポキシゲナーゼ活性の測定値の一例を示すと，小麦全粒粉に 28 nkat/g，ふすまに 128〜260 nkat/g，胚芽に 835〜1080 nkat/g で，デュラム・セモリナに 12〜32 nkat/g である（Borrelli, 2003）．

ポリフェノールオキシダーゼは酵素褐変に関係し，小麦粒の外側に多く含まれる．ふすまに 10 nkat/g，全粒粉に 7 nkat/g，胚芽に 0.15 nkat/g，小麦粉に 0.15〜0.5 nkat/g という報告がある．高歩留り粉は低歩留り粉より活性が高く，デュラム小麦は普通小麦より活性が低い．報告されている小麦中のポリフェノールオキシダーゼ活性の最適 pH は 5.0〜8.5 と幅がある．

ペルオキシダーゼは過酸化反応，酸化反応，水酸化反応を触媒し，ふすまと胚芽で活性が高い．製パンでこのペルオキシダーゼを含むセイヨウワサビを添加すると，生地の色が白くなり，パン体積が増すという報告がある．タンパク質の重

合を促進するので生地特性が改良されると考えられるが，製パンでの効果は明らかでない．

カタラーゼは過酸化水素を酸素と水にする酸化と還元の同時反応を触媒する．報告されている活性は小麦全粒が 2.4～9.1 nkat/g，小麦粉が 0.58～5.6 nkat/g，ふすまが 11.2～47.8 nkat/g（Honold et al., 1968），フランス小麦 8 品種の粉が 4.7～10.6 nkat/g（Eyoum et al., 2003），カナダ小麦 1 品種とドイツ小麦 10 品種の粉が 0.12～0.87 nkat/g（Kieffer et al., 1982）である．最適 pH は 7.0～7.5 で，シアン化合物が競合インヒビターである．

アスコルビン酸オキシダーゼは酸素の存在下でアスコルビン酸（ビタミン C）を酸化してデヒドロアスコルビン酸と水にする．アスコルビン酸は製パン改良剤として使われるが，酸化されたデヒドロアスコルビン酸がグルタチオン・デヒドロアスコルビン酸塩酸化還元酵素を介して小麦粉中のグルタチオンと接触して酸化型グルタチオンにすることによって，タンパク質と低分子量チオール間の交換反応を低下させ，高分子量グルテン凝集体の単量体への分解を抑制して，生地の力を強める．生地ミキシング中に十分な酸素が供給されると，アスコルビン酸の生地改良効果は小麦粉中にあるアスコルビン酸オキシダーゼの量の影響を受けない．小麦粉の活性は，17 点のニュージーランド小麦の粉が 53～235 nkat/g（Every et al., 1996），カナダ産ハード・レッド・スプリング小麦の粉が 1 nkat/g（Cherdkiatgumchai et al., 1986），ニュージーランド小麦の粉が 1.4 nkat/g，ふすまが 2.5 nkat/g だった（Nicolas, 1978）．

グルタチオン・デヒドロアスコルビン酸塩酸化還元酵素はグルタチオンの酸化グルタチオンへの酸化と，デヒドロアスコルビン酸のアスコルビン酸への還元を触媒する．ドイツ小麦 7 品種の粉の活性の測定値は 200～270 nkat/g で，製粉画分中では胚芽が最も活性が高い（Every et al., 2006）．

**f. 酵素のインヒビター**

小麦にはインヒビターと総称される多くのタンパク質がある．小麦中の酵素や他の過程を抑制し，穀粒発達中に抑制的に働くものもあるが，病原微生物や害虫に対して防御の役割を果たす場合が多い．デンプン分解酵素やタンパク質分解酵素のインヒビターのほかに，キシラナーゼのインヒビターやエステラーゼのインヒビターも見つかっている．

### 1.6.2 ビタミン

小麦,小麦粉,胚芽のビタミン含量を表1.21に示した.小麦にはB$_1$(チアミン),B$_2$(リボフラビン),ナイアシン,パントテン酸,M(葉酸),B$_6$(ピリドキシン),H(ビオチン),E(トコフェロール)が含まれ,A,C,Dはない.他穀物と比較するとB$_1$とナイアシンが多く,エンバクには及ばないものの葉酸も多い.小麦粒部位によるビタミン含量の差は大きく,胚芽はB$_1$,B$_2$,B$_6$,葉酸,パントテン酸のほか,Eを多く含む.皮にはナイアシン,B$_6$,葉酸が特に多いが,B$_1$とB$_2$も多い.胚乳のビタミン含量は小麦粒中の1/3~1/4を占める.

小麦粒のビタミンB含量測定値は乾物1g中にチアミンが1.3~9.9μg,リボフラビンが0.5~5.5μg,ナイアシンが20~111μg,B$_6$が0.8~79μg,葉酸が0.16

表1.21 小麦・小麦粉・胚芽のビタミン含量(100gあたり)(『日本食品標準成分表2010』から抜粋)

| | | (単位) | 国産普通小麦 | 輸入軟質小麦 | 輸入硬質小麦 | 薄力1等粉 | 薄力2等粉 | 中力1等粉 | 中力2等粉 | 強力1等粉 | 強力2等粉 | 全粒粉 | 小麦胚芽 |
|---|---|---|---|---|---|---|---|---|---|---|---|---|---|
| ビタミンA | レチノール | μg | (0) | (0) | (0) | (0) | (0) | (0) | (0) | (0) | (0) | (0) | (0) |
| | α-カロテン | | — | — | — | — | — | — | — | — | — | — | 0 |
| | β-カロテン | | — | — | — | — | — | — | — | — | — | — | 61 |
| | β-クリプトキサンチン | | — | — | — | — | — | — | — | — | — | — | 4 |
| | β-カロテン当量 | | (0) | (0) | (0) | (0) | (0) | (0) | (0) | (0) | (0) | (0) | 63 |
| | レチノール当量 | | (0) | (0) | (0) | (0) | (0) | (0) | (0) | (0) | (0) | (0) | 5 |
| ビタミンD | | μg | (0) | (0) | (0) | (0) | (0) | (0) | (0) | (0) | (0) | (0) | (0) |
| ビタミンE | α-トコフェロール | mg | 1.2 | 1.2 | 1.2 | 0.3 | 1.0 | 0.3 | 0.8 | 0.3 | 0.5 | 1.0 | 28.3 |
| | β-トコフェロール | | 0.6 | 0.6 | 0.6 | 0.2 | 0.6 | 0.2 | 0.4 | 0.2 | 0.2 | 0.5 | 10.8 |
| | γ-トコフェロール | | 0 | 0 | 0 | 0 | 0 | 0 | 0 | 0 | 0 | 0 | 0 |
| | δ-トコフェロール | | 0 | 0 | 0 | 0 | 0 | 0 | 0 | 0 | 0 | 0 | 0 |
| ビタミンK | | μg | (0) | (0) | (0) | (0) | (0) | (0) | (0) | (0) | (0) | (0) | 2 |
| ビタミンB$_1$ | | mg | 0.41 | 0.49 | 0.35 | 0.13 | 0.24 | 0.12 | 0.26 | 0.1 | 0.15 | 0.34 | 1.82 |
| ビタミンB$_2$ | | mg | 0.09 | 0.09 | 0.09 | 0.04 | 0.05 | 0.04 | 0.05 | 0.05 | 0.05 | 0.09 | 0.71 |
| ナイアシン | | mg | 6.3 | 5.0 | 5.8 | 0.7 | 1.2 | 0.7 | 1.4 | 0.9 | 1.3 | 5.7 | 4.2 |
| ビタミンB$_6$ | | mg | 0.35 | 0.34 | 0.34 | 0.03 | 0.09 | 0.05 | 0.07 | 0.07 | 0.08 | 0.33 | 1.24 |
| ビタミンB$_{12}$ | | μg | (0) | (0) | (0) | (0) | (0) | (0) | (0) | (0) | (0) | (0) | (0) |
| 葉酸 | | μg | 38 | 40 | 49 | 9 | 14 | 8 | 12 | 15 | 18 | 48 | 390 |
| パントテン酸 | | mg | 1.03 | 1.07 | 1.29 | 0.53 | 0.62 | 0.47 | 0.66 | 0.77 | 0.93 | 1.27 | 1.34 |
| ビオチン | | μg | — | 9.6 | 10.7 | 1.2 | 2.5 | 1.5 | 2.6 | 1.7 | 2.6 | 10.8 | — |
| ビタミンC | | mg | (0) | (0) | (0) | (0) | (0) | (0) | (0) | (0) | (0) | (0) | (0) |

～1.14 μg, パントテン酸が 7.2～19.9 μg である．胚乳には小麦粒のチアミンの 5％ 以下，ナイアシンの 12％，ビタミン $B_6$ の 6％ が含まれるが，リボフラビンは 32％，パントテン酸は 40％ 以上に及ぶ．アリューロン層にはナイアシンの約 80％，$B_6$ の 60％，チアミンの 32％ が存在する．チアミンの約 60％ は胚盤にある．葉酸とビオチンの分布は $B_6$ と似ている．粉中の B 含量は灰分と相関があり，$B_6$ が最も相関が高く，チアミン，葉酸，ナイアシンの順に低くなり，リボフラビンとパントテン酸は歩留りの影響が少ない．ナイアシンはニコチン酸の化学的結合型として存在する．

　小麦粒のトコール含量の分析値は 36～75 μg/g（乾物量ベース，以下 db）である．全トコトリエノールは 55～81％ で，β-トコトリエノールが最も多く，次いで α-トコフェロールが多い（Ward et al., 2008）．胚芽と外皮に多く，胚乳には少ない．胚芽にはおもに α- と β-トコフェロールがあり，トコトリエノールは少ない．トコトリエノールは果皮，種皮，アリューロン層に多い．外皮のトコール濃度は小麦全粒の約 2 倍，胚乳の 4～5 倍である．トコールは熱，光，アルカリで酸化されやすく，製パンや貯蔵中に失われる率が高い．

　小麦粒に含まれる主要カロテノイドはルテインだが，ゼアキサンチン，クリプトキサンチン，β-カロテンも含まれる（Zhou et al., 2005）．胚乳のルテインは外皮より多い場合と少ない場合があるが，ゼアキサンチン，クリプトキサンチン，β-カロテンはおもに外皮と胚芽にある．普通小麦の胚乳のルテインの分析値は 0.4～3.5 μg/g（db），デュラム・セモリナはで 2.4～7.5 μg/g（db）である．普通小麦の外皮の分析値（水分そのままのベース，以下 wb）はルテインが 0.5～3.2 μg/g, ゼアキサンチンが 0.0～2.2 μg/g, クリプトキサンチンが 0.0～0.7 μg/g, β-カロテンが 0.0～0.4 μg/g である．キサントフィル，それらのエステル，アリシンフラボンが小麦に黄色を与える．カロテノイドは小麦や小麦ふすまの抗酸化活性に貢献する（Adom et al., 2005）．

### 1.6.3　ミネラル

　小麦，小麦粉，胚芽のミネラル含量を表 1.22 に示した．小麦のミネラルの大部分はカリウムとリンである．マグネシウムも比較的多いが，皮に多く，皮にはマンガンも多い．他穀物に比べて顕著な特徴はなく，カルシウムは少なく，鉄も

表 1.22 小麦・小麦粉・胚芽のミネラル含量（100 g あたり）（『日本食品標準成分表2010』から抜粋）

| | ナトリウム | カリウム | カルシウム | マグネシウム | リン | 鉄 | 亜鉛 | 銅 | マンガン | ヨウ素 | セレン | クロム | モリブデン |
|---|---|---|---|---|---|---|---|---|---|---|---|---|---|
| (単位) | mg | | | | | | | | | μg | | | |
| 国産普通小麦 | 2 | 470 | 26 | 80 | 350 | 3.2 | 2.6 | 0.35 | 3.90 | — | — | — | — |
| 輸入軟質小麦 | 2 | 390 | 36 | 110 | 290 | 2.9 | 1.7 | 0.32 | 3.79 | 0 | 5 | 1 | 19 |
| 輸入硬質小麦 | 2 | 340 | 26 | 140 | 320 | 3.2 | 3.1 | 0.43 | 4.09 | 0 | 54 | 1 | 47 |
| 薄力1等粉 | 2 | 120 | 23 | 12 | 70 | 0.6 | 0.3 | 0.09 | 0.50 | Tr* | 4 | 2 | 12 |
| 薄力2等粉 | 2 | 150 | 27 | 30 | 90 | 1.1 | 0.7 | 0.18 | 0.77 | 0 | 3 | 2 | 14 |
| 中力1等粉 | 2 | 100 | 20 | 18 | 74 | 0.6 | 0.5 | 0.11 | 0.50 | 0 | 7 | Tr* | 9 |
| 中力2等粉 | 2 | 130 | 28 | 26 | 93 | 1.3 | 0.6 | 0.14 | 0.77 | 0 | 7 | 2 | 10 |
| 強力1等粉 | 2 | 80 | 20 | 23 | 75 | 1.0 | 0.8 | 0.15 | 0.38 | 0 | 39 | 1 | 26 |
| 強力2等粉 | 2 | 100 | 25 | 36 | 100 | 1.2 | 1.0 | 0.19 | 0.58 | 0 | 49 | 1 | 30 |
| 全粒粉 | 2 | 330 | 26 | 140 | 310 | 3.1 | 3.0 | 0.42 | 4.02 | 0 | 47 | 3 | 44 |
| 小麦胚芽 | 3 | 1100 | 42 | 310 | 1100 | 9.4 | 15.9 | 0.89 | — | — | — | — | — |

*：痕跡量.

多くない．

　小麦の灰分量は，品種と気象条件で決まり，ほとんどが 1.2〜1.8％ である．アリューロン層に非常に多く，果皮，種皮，珠心層，胚芽にも多いが，胚乳には少ない．胚乳では中心よりも周辺部に多い．

### 1.6.4　その他の微量成分

#### a. フィトステロール

　小麦粒のフィトステロール含量の分析値は 0.67〜0.96 mg/g (db) で，その 40〜61 ％ がシトステロールだが (Nurmi *et al.*, 2008)，カンペステロール，シグマステロール，Δ5-アベナステロール，Δ7-アベナステロール，シトスタノール，カンペスタノールもある．シトスタノールとカンペスタノールは飽和ステロールでそれぞれ小麦の全ステロールの 12〜16 ％ と 8〜11 ％ であり (Nyström *et al.*, 2007)，スタノールは 11〜29 ％ である．全ステロール含量が 0.73 と 0.83 mg/g (wb) の 2 点の小麦の場合，灰分 0.6 ％ の粉のステロールは 0.43 と 0.40 mg/g (wb)，ふすま（灰分 4 ％）は 1.68 と 1.77 mg/g (wb) である (Piironen *et al.*,

2002).不飽和デスメチルステロールとスタノールは血清LDLコレステロール低下に有効である．

**b. フェノール化合物**

小麦にはフェノール酸，アルキルレゾルシノール，リグナン，フラボノイドなどのフェノール化合物があり，多くが多糖，タンパク質，細胞壁成分との複合不溶性エステルである．主要フェノール化合物のフェルラ酸は高い抗酸化活性を持ち，一部はアラビノキシランと橋かけ結合して不溶性食物繊維をつくる（Peyron et al., 2002）．リグナンとアルキルレゾルシノールのがん，心臓血管病などの予防への役割も注目されている（Slavin, 2004）

**c. コリンとベタイン**

合衆国の小麦ふすまには15.0 mg/g（wb），焙焼胚芽には13.9 mg/g（wb）のベタインが含まれ，小麦粒（2.26 mg/g（wb））や白パン（1.05 mg/g（wb））より多い（Zeisel et al., 2003）．ニュージーランドの分析では小麦全粒粉パンに560〜790 μg/g（wb），白パンに360〜520 μg/g（wb）で，1人1日平均摂取量の67％を穀物製品から得ている（Slow et al., 2005）．

全コリン含量についての合衆国の分析では，ふすまが744 μg/g（wb），焙焼胚芽が1520 μg/g（wb），小麦全粒粉パンが265 μg/g（wb），白パンが122 μg/g（wb）で，焙焼胚芽の全コリンの45％が遊離コリン，30％がホスファチジルコリン，22％がグリセロホスファチジルコリンである（Zeisel et al., 2003）

## 1.7 栄養と健康への小麦の貢献

日本人は1日平均約90 gの小麦粉を食べている．供給される食料（必ずしも全量食べるわけではないが）を1人1日あたりの熱量に換算すると約2430 kcalで，そのうち約330 kcalが小麦粉からである．このように小麦粉の摂取量は多く，さまざまな形でほぼ毎日食べるので，栄養面で重要な意味を持つ．体温保持や活動のエネルギーになるとともに，成長や健康な状態を維持，増進するための栄養源であり，栄養的に優れた各種食品をおいしく口へ運びやすくする．小麦胚芽，ふすま，全粒粉も栄養的に注目される．小麦粉のおもな栄養成分は，表3.2（p.99）のとおりである．

## 1.7.1 エネルギー源として

健康と栄養には食べるものの量の管理と栄養素のバランスが重要で，各栄養素を熱量に換算した比率で炭水化物が全体の60％程度であることが望ましい．日本人の平均炭水化物摂取比率は低下気味で2012年には約58％であり，これ以下にしない方が良く，炭水化物が主成分の小麦粉食品を適度においしく食べて，その比率低下を食い止めたい．炭水化物食品の摂取を減らすダイエット法は勧められない．タンパク質や脂質を摂り過ぎると肥満や生活習慣病になりやすいが，小麦粉食品を食べるとある程度の満腹感が得られるので，タンパク質や脂質が主体の食品の食べ過ぎを防ぐこともできる．

## 1.7.2 各成分の役割

### a. デンプン

デンプンはエネルギー源として重要だが，その構造と機能は消化管全体での消化速度と消化程度を左右し，大腸に進むデンプンとデンプン消化産物の量を決める．消化速度は小麦粉加工品の血糖反応に影響し，消化程度は食品の難消化性デンプンの量を制御する．これらは小麦粉中のデンプンの特性と小麦粉の加工方法の影響を受ける．

ラットにアミロース含量が70％の高アミロース小麦のデンプンを与えると，消化物重量が増加し，内腔pHが低下して，短鎖脂肪酸生成が増す（Regina *et al.*, 2006）．アミロース含量が35〜40％とやや高い小麦からつくった製品は難消化性デンプンが少し多い．通常の小麦粉の10，20，および50％をこのやや高アミロースの小麦の粉で置換してつくったパンの難消化性デンプン含量は，通常の小麦粉の0.9％に比べて，それぞれ1.6，2.6，および3.0％だった．また，このやや高アミロースの小麦の粉を貯蔵すると，難消化性デンプンの量が少し増えた（Hung *et al.*, 2005）．

### b. タンパク質

小麦粉に7〜13％含まれるタンパク質は重要な植物性タンパク質源で，平均で1日に小麦粉から約10g摂取している．エネルギー源としても使われるが，体組織になるほか酵素やホルモンの材料になり，栄養素を運搬する．表1.15（p.47）のように，小麦のタンパク質はそれを構成するアミノ酸のうち必須アミノ酸の1

つであるリジンが他の穀類と同じように少なめで，第1制限アミノ酸になっており，表1.23のように小麦粉でも同様である．表1.24のように，製粉歩留りが低下するとリジン含量とアミノ酸スコアが低下する．しかし，小麦粉食品はリジンを多過ぎるほど含む動物性タンパク質食品などとの組合せで食べることが多いので，栄養価が高い状態で摂取できる．パンといっしょに牛乳を飲んだり，めん類を肉や卵とともに食べることは，栄養面からみて合理的だといえる．

リジンの必要量は年齢によって差が大きい．10～12歳の子供の場合に必要量が最も多く，成人では必要量が低い．成人の場合には，70～80％歩留りの小麦

**表1.23** 小麦粉・胚芽のアミノ酸組成（100gあたり）（『日本食品標準成分表準拠アミノ酸成分表 2010』から抜粋）

| | | (単位) | 薄力粉 1等 | 薄力粉 2等 | 中力粉 1等 | 中力粉 2等 | 強力粉 1等 | 強力粉 2等 | 小麦胚芽 |
|---|---|---|---|---|---|---|---|---|---|
| 水　分 | | g | 14.0 | 14.0 | 14.0 | 14.0 | 14.5 | 14.5 | 3.6 |
| タンパク質 | | g | 8.0 | 8.8 | 9.0 | 9.7 | 11.7 | 12.4 | 32.0 |
| アミノ酸組成によるタンパク質 | | g | 7.3 | 7.8 | 8.1 | 8.7 | 10.6 | 11.4 | 25.9 |
| イソロイシン | | | 300 | 310 | 330 | 350 | 420 | 460 | 1100 |
| ロイシン | | | 580 | 610 | 650 | 690 | 830 | 890 | 2100 |
| リジン | | | 180 | 200 | 190 | 220 | 230 | 250 | 2200 |
| 含硫アミノ酸 | メチオニン | | 140 | 150 | 160 | 170 | 200 | 210 | 590 |
| | シスチン | | 220 | 230 | 240 | 250 | 290 | 300 | 470 |
| | （合計） | | 370 | 380 | 400 | 410 | 490 | 510 | 1100 |
| 芳香族アミノ酸 | フェニルアラニン | | 420 | 450 | 470 | 500 | 630 | 670 | 1300 |
| | チロシン | | 250 | 260 | 280 | 300 | 350 | 390 | 820 |
| | （合計） | | 670 | 710 | 750 | 790 | 980 | 1100 | 2100 |
| スレオニン | | mg | 230 | 250 | 250 | 280 | 320 | 350 | 1300 |
| トリプトファン | | | 100 | 110 | 110 | 110 | 140 | 150 | 340 |
| バリン | | | 350 | 380 | 390 | 420 | 500 | 530 | 1700 |
| ヒスチジン | | | 190 | 210 | 210 | 230 | 280 | 290 | 850 |
| アルギニン | | | 300 | 350 | 330 | 390 | 410 | 460 | 2700 |
| アラニン | | | 250 | 270 | 270 | 300 | 340 | 370 | 2100 |
| アスパラギン酸 | | | 350 | 390 | 380 | 410 | 480 | 500 | 2900 |
| グルタミン酸 | | | 2900 | 3100 | 3200 | 3500 | 4400 | 4700 | 4900 |
| グリシン | | | 300 | 330 | 340 | 380 | 430 | 460 | 2000 |
| プロリン | | | 990 | 1000 | 1100 | 1200 | 1500 | 1600 | 1600 |
| セリン | | | 400 | 410 | 440 | 490 | 560 | 640 | 1400 |
| （アミノ酸合計） | | | 8400 | 9000 | 9400 | 10000 | 12000 | 13000 | 30000 |
| アンモニア | | | 340 | 360 | 390 | 410 | 530 | 560 | 620 |

表 1.24 小麦と歩留り別小麦粉のリジン含量とアミノ酸スコア
(Betschart, 1982)

|  | 歩留り (%) | リジン (mg/N g) | アミノ酸スコア |
|---|---|---|---|
| 小　麦 |  | 179 | 53 |
| 小麦粉 | 89〜90 | 159 | 47 |
|  | 70〜80 | 130 | 38 |
|  | 60〜70 | 113 | 33 |

粉の加工品を毎日食べることでほぼ必要量を満たすことができる（Simmonds, 1989）.

　セリアック病患者がグルテンタンパク質，特に $\alpha$-グリアジンを摂取すると，消化酸素で分解されないグルテン分子の一部が小腸上皮組織にペプチド鎖のまま取り込まれ，それに対する免疫反応がきっかけになって自己免疫系が小腸上皮組織を攻撃して，絨毛を損傷したり，上皮組織を破壊するので，小腸から栄養を吸収できなくなる．また小麦中のタンパク質は，摂取または吸入によってアトピー性皮膚炎やアナフィラキシーショックといったアレルギー反応の引き金となることがある．HMW-GS と LMW-GS, $\omega$-, $\gamma$-, $\alpha$-グリアジンがアレルゲンとなり得るが，それには加熱の程度も影響する（Simonato et al., 2001）.

**c. 脂　質**

　脂質は食物として体内に入ると生理学的および生化学的な役割を演じ，高エネルギー源であるとともに，細胞膜を構成する重要な成分でもある．小麦粒の脂質含量は約 3 %，小麦粉では 1.7〜2.1 % であり，胚芽中の含量は 10 % を超える．平均で 1 日に小麦粉から約 2 g の脂質を摂取している．表 1.25 のように，小麦全粒または小麦粉の全脂肪酸の 58〜59 % はリノール酸で，飽和脂肪酸は 28 % 以下である．パルミチン酸が主要な飽和脂肪酸で，オレイン酸がおもな一価不飽和脂肪酸である．リノール酸，パルミチン酸，オレイン酸の 3 つが全体の約 90〜95 % を占める．小麦の全脂質含量は多くないが，多価不飽和脂肪酸が多いので必須脂肪酸の必要量に貢献するだけでなく，多価不飽和脂肪酸と飽和脂肪酸の比（P/S）が望ましいレベルなので血中コレステロールを正常に保つ効果もある（Lockhart et al., 1978）.

表1.25 小麦・小麦粉・胚芽の脂肪酸含量（『日本食品標準成分表準拠アミノ酸成分表2010』から抜粋）

| 脂肪酸の種類 | | 小麦粉 100g 中 g | | | 脂肪酸 100g 中 g | | | | | | | | | |
|---|---|---|---|---|---|---|---|---|---|---|---|---|---|---|
| | | 飽和脂肪酸 | 一価不飽和脂肪酸 | 多価不飽和脂肪酸 | 飽和脂肪酸 | | | | | 一価不飽和脂肪酸 | | 多価不飽和脂肪酸 | |
| | | | | | ミリスチン酸 | ペンタデカン酸 | パルミチン酸 | ヘプタデカン酸 | ステアリン酸 | アラキジン酸 | オレイン酸 | イコセン酸 | リノール酸 | $\alpha$-リノレン酸 |
| 小麦 | 国産普通 | 0.56 | 0.35 | 1.53 | 0.2 | 0.1 | 21.1 | 0.2 | 1.1 | 0.1 | 13.8 | 0.6 | 58.5 | 4.1 |
| | 輸入軟質 | 0.60 | 0.38 | 1.63 | 0.2 | 0.1 | 21.1 | 0.2 | 1.1 | 0.1 | 13.8 | 0.6 | 58.5 | 4.1 |
| | 輸入硬質 | 0.54 | 0.34 | 1.49 | 0.2 | 0.1 | 21.1 | 0.2 | 1.1 | 0.1 | 13.8 | 0.6 | 58.5 | 4.1 |
| 小麦粉 | 薄力1等 | 0.39 | 0.15 | 0.86 | 0.2 | 0.1 | 26.0 | 0.1 | 1.2 | 0.1 | 10.4 | 0.4 | 58.3 | 3.1 |
| | 中力1等 | 0.41 | 0.16 | 0.92 | 0.2 | 0.1 | 26.0 | 0.1 | 1.2 | 0.1 | 10.4 | 0.4 | 58.3 | 3.1 |
| | 強力1等 | 0.41 | 0.16 | 0.92 | 0.2 | 0.1 | 26.0 | 0.1 | 1.2 | 0.1 | 10.4 | 0.4 | 58.3 | 3.1 |
| 小麦胚芽 | | 1.84 | 1.65 | 6.50 | 0.2 | Tr. | 17.3 | 0.1 | 0.6 | 0.1 | 15.1 | 1.3 | 57.5 | 7.5 |

### d. ビタミンとミネラル

小麦粉中のビタミンとミネラルの量は多くないが，食べる量が多いので栄養面で一定の役割を果たしている．小麦全粒粉または小麦粉はチアミン，リボフラビン，ナイアシン，ビタミン $B_6$，葉酸の供給源である．研究者達が報告したビタミンB群含有量のデータをもとにして，小麦全粒粉を1日に100g食べた場合のビタミンB群摂取量を計算し，合衆国のInstitute of Medicineの栄養摂取勧告量（RDA）と対比すると，男性ではチアミン，リボフラビン，ナイアシン，ビタミン $B_6$，葉酸をそれぞれRDAの40％，9％，23％，33％，14％に相当する量摂取でき，女性では44％，11％，26％，33％，14％である（Piironen *et al.*, 2009）．ただし小麦粉の場合にはこれらの数値は低くなる．

### e. 食物繊維

小麦粉には食物繊維が2.5～2.9％含まれる．そのうち不溶性のものは1.3～1.7％，コレステロール吸収の抑制に効果があるとされる水溶性のものは約1.2％である．このことから，日本人は1日に小麦粉から平均で約2.4gの食物繊維（うち水溶性のものは約1g）を摂取していることになる．全粒粉を食べると，さらに多くの食物繊維を摂取できる．

**f. その他の微量成分**

　フィトステロールは血清コレステロール低下効果があり，結腸がん，乳がん，前立腺がんの予防効果もあるということで注目されている．油とマーガリンがヒトの場合のおもなフィトステロール源だが，小麦粉加工品も重要な供給源である．1日の摂取量の測定値は，イギリスで油脂から 87 mg，パンなどの穀物製品から 62 mg（Morton et al., 1995），オランダで小麦全粒粉パンから 49.9 mg，白パンから 8.8 mg（Normén et al., 2001）である．

　フェノール化合物の摂取量は食事内容によって1日に 25 mg～1 g と差が大きい．その約 2/3 がフラボノイド，約 1/3 がフェノール酸である．穀物製品を多く食べるとフェルラ酸摂取量は 100 mg を超えるが，特に小麦ふすまはフェルラ酸の重要な供給源となり得る．小麦ふすまを食べると結腸や直腸がんと胃がんのリスクを低減できるという報告があり，その効果は小麦ふすまの大腸での低発酵性によるものと推定されている（Salvin, 2004）．

### 1.7.3　食生活での役割

　パン，めん，菓子などはそれだけ食べてもおいしい．ハンバーガー，サンドイッチ，ホットドッグ，その他の調理パンのように副食と組み合わせたパンは，現代のライフスタイルともマッチしている．具がバランス良く入ったラーメンやうどんもあり，お好み焼きは他の食材との組合せが魅力である．チャパティやナンは副食を口に運ぶための巧みな器だといえる．フランス料理ではパンは料理の引き立て役である．モーニング・トーストやテーブル・ロールは，牛乳や卵と味わう．このように，小麦粉食品はそれ自身が栄養源であるとともに，良質のタンパク質，脂質，ミネラル，ビタミンなどを豊富に含む副食を，楽しみながらおいしく口へ運ぶ役目を果たす場合が多く，この意味でもバランスがとれた栄養に貢献する．胚芽製品や全粒粉はそれ自身が栄養，特に微量成分の宝庫である．

**文　献**

Adom, K. K. et al. (2005). *J. Agric. Food Chem.*, **53**, 2297-2306.
Bailey, J. E. (1974). *Storage of Cereal Grains and Their Products* (Christensen, C. M. eds.), p. 354, Am. Assoc. Cereal Chem.
Batey, I. L. et al. (2001). *Aust. J. Agric. Res.*, **52**, 1287-1296.

Bean, S. R. et al. (2001). *Cereal Chem.*, **78**, 608-618.
Bechtel, D. B. et al. (1991). *Cereal Chem.*, **68**, 573-577.
Beresford, G. et al. (1983). *J. Cereal Sci.*, **1**, 111-114.
Betschart, A. A. (1982). *Cereal Foods World*, **27**, 395-401.
Bonomi, F. et al. (2013). *Cereal Chem.*, **90**, 358-366.
Borrelli, G. M. et al. (2003). *Cereal Chem.*, **80**, 225-231.
Branlard, G. P. et al.(2006). *Gliadin and Glutenin : The Unique Balance of Wheat Quality* (Wrigley, C. W. et al. eds.), pp. 115-137, Am. Assoc. Cereal Chem.
Caruso, C. et al. (2001). *J. Prot. Chem.*, **20**, 327-335.
Cherdkiatgumchai, P. et al. (1986). *Cereal Chem.*, **63**, 197-200.
Christensen, C. M. (1951). *Cereal Chem.*, **28**, 408.
Christensen, C. M. (1955). *Cereal Chem.*, **32**, 107-116.
Chung, O. K. et al. (1981). *Bakers Dig.*, **55**(5), 38-50, 55, 96-97.
Chung, O. K. et al. (2002). *Cereal Chem.*, **79**, 774-778.
Clements, R. L. et al. (1981). *Cereal Chem.*, **58**, 204-206.
Cloutier, S. et al. (2001). *J. Cereal Sci.*, **33**, 143-154.
Daftary, R. D. et al. (1965). *J. Agric. Food Chem.*, **13**, 442-447.
Darlington, H. F. et al. (2000). *J. Cereal Sci.*, **32**, 21-29.
Every, D. et al. (1996). *J. Cereal Sci.*, **23**, 145-151.
Every, D. et al. (2006). *Cereal Chem.*, **83**, 62-68.
Eyoum, A. et al. (2003). *Recent Advances in Enzymes in Grain Processing* (Courtin, C. M. A. et al. eds.), pp. 303-309, Katholieke Universiteit Leuven.
Feeney, K. A. et al. (2003). *Biopolymers*, **72**, 123-131.
Ferrante, P. et al. (2004). *The Gluten Proteins* (Lafiandra, D. et al. eds.), pp. 136-139, Royal Society of Chemistry.
Grant, L. A. et al. (2001). *Cereal Chem.*, **78**, 590-595.
Gray, J. A. et al. (2003). *Comp. Rev. Food Sci. Safety*, **2**, 1-21.
Greenwell, P. et al. (1986). *Cereal Chem.*, **63**, 379-380.
Gupta, R. B. et al. (1991). *J. Cereal Sci.*, **13**, 221-235.
Harris, P. J. et al. (2005). *Mol. Nutr. Food Res.*, **49**, 536-545.
Hayakawa, K. et al. (2004). *Cereal Chem.*, **81**, 666-672.
Hizukuri, S. et al. (1990). *Carbohydr. Res.*, **206**, 145-159.
Honold, G. R. et al. (1968). *Cereal Chem.*, **45**, 99-108.
Hou, G. G. et al. (2013). *Cereal Chem.*, **90**, 419-429.
Hung, P. V. et al. (2005). *Cereal Chem.*, **82**, 690-694.
Jensen, S. A. et al. (1983). *Cereal Chem.*, **60**, 170-177.
Jones, D. B. et al. (1941). *Cereal Chem.*, **18**, 417-434.
梶原景光 (1972). 化学と生物, **10**, 93-100.
Kansas Wheat Commission (1969). Wheat-Field to Market, p. 27.
Kasarda, D. D. (1989). *Wheat is Unique* (Pomeranz, Y. ed.), pp. 277-302, Am. Assoc. Cereal Chem.
Kasarda, D. D. et al. (1987). *Proc. 3rd Int. Workshop on Gluten Proteins* (Lasztity, R. et al. ed.), pp.20-29, World Scientific Publishing.
Kent, N. L. et al. (1969). *Cereal Chem.*, **46**, 293-300.
Kieffer, R. et al. (1982). *Z. Lebensm. Unters. Forsch.*, **175**, 5-7.
Kim, W. et al. (2003). *J. Cereal Sci.*, **37**, 195-204.

Kobrehel, K. *et al.* (1991). *Cereal Chem.*, **68**, 1-6.
Köhler, P. *et al.* (1997). *Cereal Chem.*, **74**, 154-158.
Kohyama, K. *et al.* (2004). *Carbohydr. Polym.*, **58**, 71-77.
Lafiandra, *et al.* (1993). *Biodeversity and Wheat Improvement* (Damania, A. B. ed.), pp. 329-340, J. Wiley and Sons.
Law, C. N. *et al.* (1978). *Seed Protein Improvement by Nuclear Techniques*, p. 483, International Atomic Energy Agency.
Li, W. *et al.* (2004). *J. Cereal Sci.*, **39**, 403-411.
Li, W. *et al.* (2006). *Carbohydr. Polym.*, **63**, 408-416.
Lin, W. D. A. *et al.* (1993). *Cereal Chem.*, **70**, 448-452.
Linko, P. *et al.* (1959). *Cereal Chem.*, **36**, 280-294.
Lockhart, H. B. *et al.* (1978). *Cereal '78 : Better Nutrition for the World's Millions*, pp. 201-221, Am. Assoc. Cereal Chem.
Lynch, B. T. *et al.* (1962). *Cereal Chem.*, **39**, 256-262.
MacMasters, M. M. *et al.* (1971). *Wheat Chemistry and Technology 2nd Ed.* (Pomeranz, Y. eds.), pp. 51-113, Am. Assoc. Cereal Chem.
Maeda, K. *et al.* (1985). *Biochim. Biophys. Acta*, **828**, 213-221.
Margiotta, B. *et al.* (1998). *Proc. 9th Int. Wheat Genetics Symp* (Slinkard, A. E. ed.), pp. 195-197, University of Saskatchewan, University Extension Press.
Martinez-Tome, M. *et al.* (2004). *J. Agric. Food Chem.*, **52**, 4290-4699.
Masci, S. *et al.* (1995). *Cereal Chem.*, **72**, 100-104.
Masci, S. *et al.* (1998). *Plant Physiol.*, **118**, 1147-1158.
Matsuo, R. R. *et al.* (1986). *Cereal Chem.*, **63**, 484-489.
Milner, M. *et al.* (1947). *Cereal Chem.*, **24**, 23.
三輪茂雄 (1975). 石臼の謎, p. 64, 産業技術センター.
Mohamed, A. *et al.* (2005). *J. Cereal Sci.*, **41**, 259-262.
Morrison, W. R. *et al.* (1993). *Cereal Chem.*, **70**, 385-391.
Morton, G. M. *et al.* (1995). *J. Hum. Nutr. Diet.*, **8**, 429-440.
長尾精一 (1984). 小麦とその加工, pp. 79-81, 84, 118, 建帛社.
長尾精一 (1994). 粉屋さんが書いた小麦粉の本, pp. 24, 28, 三水社.
長尾精一 (1995). 小麦の料学, p. 10, 朝倉書店.
長尾精一 (1998). 世界の小麦の生産と品質, 上巻, 小麦の魅力, pp. 93, 105-106, 124-125, 130-131, 輸入食糧協議会.
長尾精一 (1998). 世界の小麦の生産と品質, 下巻, 各国の小麦, p. 63, 輸入食糧協議会.
長尾精一 (2011). 小麦粉利用ハンドブック, pp. 42, 63, 80, 106-107, 116, 135-136, 143, 幸書房.
Nicolas, J. (1978). *Ann. Technol. Agric.*, **27**, 695-713.
西川浩三, 長尾精一 (1977). 小麦の話, pp. 46-49, 105-106, 柴田書店.
Normén, A. L. *et al.* (2001). *Am. J. Clin. Nutr.*, **74**, 141-148.
Nurmi, T. *et al.* (2008). *J. Agric. Food Chem.*, **56**, 9710-9715.
Nyström, L. *et al.* (2007). *Cereal Sci.*, **45**, 106-115.
Ohm, J. B. *et al.* (2002). *Cereal Chem.*, **79**, 274-278.
Olmos, S. *et al.* (2003). *Theor. Appl. Genet.*, **107**, 1243-1251.
Papavizas, G. C. *et al.* (1958). *Cereal Chem.*, **35**, 27-34.
Payne, P. I. (1987). *Annu. Rev. Plant Physiol.*, **38**, 141-153.
Peng, M. *et al.* (2000). *Plant Physiol.*, **124**, 265-272.

Peyron, S. et al. (2002). *Cereal Chem.*, **79**, 726-731.
Phillips, K. M. et al. (2005). *J. Agric. Food Chem.*, **53**, 9436-9445.
Piironen, V. et al. (2002). *Cereal Chem.*, **79**, 148-154.
Piironen, V. et al. (2009). *Wheat：Chemistry and Technology, 4th ed.*, pp. 179-222, AACC International.
Pogna, N. E. et al. (1995), *Theor. Appl. Genet.*, **90**, 650-658.
Pomeranz, Y. (1971). *Cereal Sci. Today*, **16**, 119.
Pomeranz, Y. (1992). 最新の穀物科学と技術（長尾精一訳），p. 22, パンニュース社.
Pomeranz, Y. et al. (1968). *Baker's Dig.*, **42**(2), 24-32.
Pons, J. L. et al. (2003). *J. Biol. Chem.*, **278**, 14249-14256.
Porceddu, E. et al. (1998). *Euphytica*, **100**, 197-205.
Preston, K. R. et al. (2003). *Wheat Gluten Protein Analysis* (Shewry, P. R. eds.), pp. 115-136, Am. Assoc. Cereal Chem.
Regina, A. et al. (2006). *Proc. Natl. Acad. Sci. U.S.A.*, **103**, 3546-3551.
Rho, K. L. et al. (1989). *Cereal Chem.*, **66**, 276-282.
Rohrich, M. (1957). *Getreide u. Mehl.*, **7**, 89.
Salcedo, G. et al. (2004). *Plant Food Allergens* (Mills, E. N. et al. eds.), pp. 70-86, Blackwell Science.
Salvin, J. (2004). *Nutr. Res. Rev.*, **17**, 99-110.
Sandberg, A.-S. et al. (1991). *J. Food Sci.*, **56**, 1330-1333.
Schooneveld-Bergmans, M. E. F. et al. (1999). *J. Cereal Sci.*, **29**, 63-75.
Seilmeier, W. et al. (1991). *Z. Lebensm. Unters. Forsch.*, **192**, 124-129.
瀬古秀文（1995）．小麦の科学（長尾精一編），pp. 1-2, 朝倉書店.
Shewry, P. R. et al. (1992). *J. Cereal Sci.*, **15**, 105-120.
Shewry, P. R. (2002). *Biol. Sci.*, **357**, 137-142.
Shewry, P. R. (2006). *Gliadin and Glutenin：The Unique Balance of Wheat Quality* (Wrigley, C. W. et al. eds.), pp. 143-169, Am. Assoc. Cereal Chem.
Shewry, P. R. et al. (1985). *Advances in Cereal Science and Technology, Vol. 7* (Pomeranz, Y. ed.), pp. 1-84, Am. Assoc. Cereal Chem.
Shewry, P. R. et al. (1986). *J. Cereal Sci.*, **4**, 97-106.
Shewry, P. R. et al. (1997). *J. Cereal Sci.*, **25**, 207-227.
Simonato, B. et al. (2001). *J. Agric. Food Chem.*, **49**, 5668-5673.
Simmonds, D. H. (1978). *Cereal '78：Better Nutrition for the World's Millions* (Pomeranz, Y. ed.), pp. 105-137, Am. Assoc. Cereal Chem.
Simmonds, D. H. (1989). *Wheat and Wheat Quality in Australia*, CSIRO.
Slavin, J. (2004). *Nutr. Res. Rev.*, **17**, 99-110.
Slow, S. et al. (2005). *J. Food Comp. Anal.*, **18**, 473-485.
Stone, B. et al. (2009). *Wheat：Chemistry and Technology, 4th ed.* (Khan, K. et al. eds.), pp. 299-362, AACC International.
Taufel, K. et al. (1959). *Lebensm. Unters. Forsch.*, **109**, 1-12.
Tilley, K. A. et al. (2001). *J. Agric. Food Chem.*, **49**, 2627-2632.
Türk, M. et al. (1996). *J. Cereal Sci.*, **23**, 257-264.
Uauy, C. et al. (2006). *Science*, **314**, 1298-1301.
Van Damme, E. J. M. et al. (2001). *Crit. Rev. Plant Sci.*, **20**, 395-465.
Vawser, M. J. et al. (2004). *Aust. J. Agric. Sci.*, **55**, 577-588.
Waigh, T. A. et al. (2000). *Starch*, **52**, 450-460.
Ward J. et al. (2008). *J. Agric. Food Chem.*, **56**, 9699-9709.

Warwick, M. J. *et al.* (1979). *J. Sci. Food Agric.*, **30**, 1131-1138.
Wheat Flour Institute (1965). *From Wheat to Flour*, p. 38.
Wieser, H. (2007). *Food Microbiol.*, **24**, 115-119.
Wieser, H. *et al.* (2001). *J. Cereal Sci.*, **34**, 19-29.
World Grain ed. (2013). *World Grain*, **31**(8), 17.
Yamamori, M. *et al.* (2000). *Theor. Appl. Genet.*, **101**, 21-29.
Yasui, T. *et al.* (1996). *J. Cereal Sci.*, **24**, 131-137.
Yasui, T. *et al.* (2002). *J. Cereal Sci.*, **35**, 11-16.
Yoo, S. H. *et al.* (2002). *Carbohydr. Polym.*, **49**, 307-314.
Yuryev, V. P. *et al.* (2004). *Carbohydr. Res.*, **339**, 2683-2691.
Zhou, K. *et al.* (2005). *J. Agric. Food Chem.*, **53**, 3916-3922.
Ziesel, S. H. *et al.* (2003). *J. Nutr.*, **133**, 1302-1307.

# 2 製粉の方法と工程（小麦の一次加工）

### 2.1 原料の調達，前処理，配合

#### 2.1.1 原料の調達と精選

　図2.1は製粉工程である．製粉効率と小麦粉の歩留りや品質への原料小麦の影響は大きいので，必要な銘柄や品質の小麦を買付け，目的の用途，品質の小麦粉になるようロットを選び，配合する（図2.2）．精選工程は3段階で，一次精選ではきょう雑物と異物を可能な限り除去し，加水と調質で小麦粒の状態を整える．二次精選では目標品質の小麦粉を安定製造できるよう異なる銘柄やロットの小麦

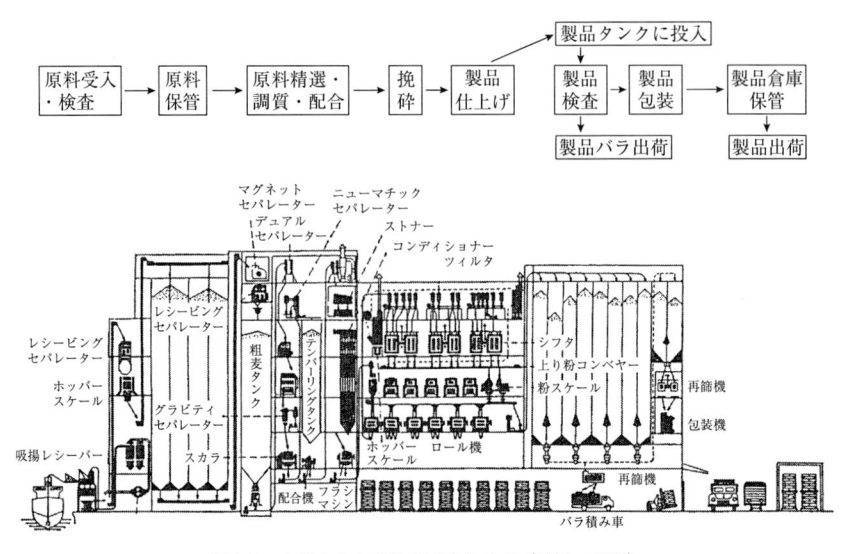

**図2.1　小麦から小麦粉ができるまで（長尾，1984）**

## 2.1 原料の調達，前処理，配合

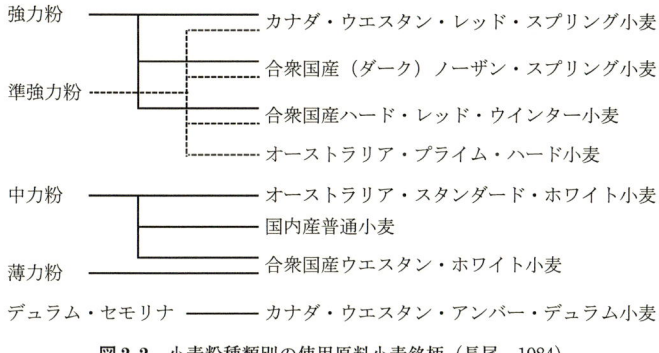

```
強力粉 ─────┬──── カナダ・ウエスタン・レッド・スプリング小麦
           ├┄┄┄ 合衆国産（ダーク）ノーザン・スプリング小麦
準強力粉 ┄┄┄┤
           ├──── 合衆国産ハード・レッド・ウインター小麦
           └──── オーストラリア・プライム・ハード小麦
中力粉 ─────┬──── オーストラリア・スタンダード・ホワイト小麦
           └──── 国内産普通小麦
薄力粉 ────────── 合衆国産ウエスタン・ホワイト小麦
デュラム・セモリナ ── カナダ・ウエスタン・アンバー・デュラム小麦
```

**図2.2** 小麦粉種類別の使用原料小麦銘柄（長尾，1984）

を均質に配合し，さらにきょう雑物と異物を除去して，追加の加水と調質を行う．三次精選ではきょう雑物と異物の残りがないかを再確認して，必要に応じてさらに調質を行う．

小麦には茎やもみ殻，砂や泥，石のほか，雑草の種子や茎，石炭，鉱物，コンクリート破片，金属破片，化学物質などが混ざっていることがある．大きさ，形状，比重，空気抵抗，磁力の差や摩擦によってきょう雑物や異物を除去できる各種の高性能精選機が備えられている（図2.3）．サイロから出た小麦はこれらの機械を順に通って，きれいに磨かれる．処理の目的とそれに使うおもな機械を列挙する．

・振動する金網か有孔鉄板ふるいで小麦粒と大きさが違うものの分離：レシービングセパレーター，ミリングセパレーター
・小麦粒と形状が違うものの分離：ディスクセパレーター，コックルシリンダー
・小麦粒と比重が違うものの分離：グレインセパレーター，グラビティセパレーター，ドライストーナー，コンセントレーター
・風選による軽いきょう雑物の除去：アスピレーター
・磁気による金属の分離：マグネティックセパレーター
・色の違いでの分離：色彩選別機
・小麦粒の表面や粒溝に付着しているものの除去：スカラー，ブラシマシン，エントレーター，アスピレーター，ライトピーラー
　またこのほか小麦と回転ローターやスクリーンジャケットとの接触や小麦粒間

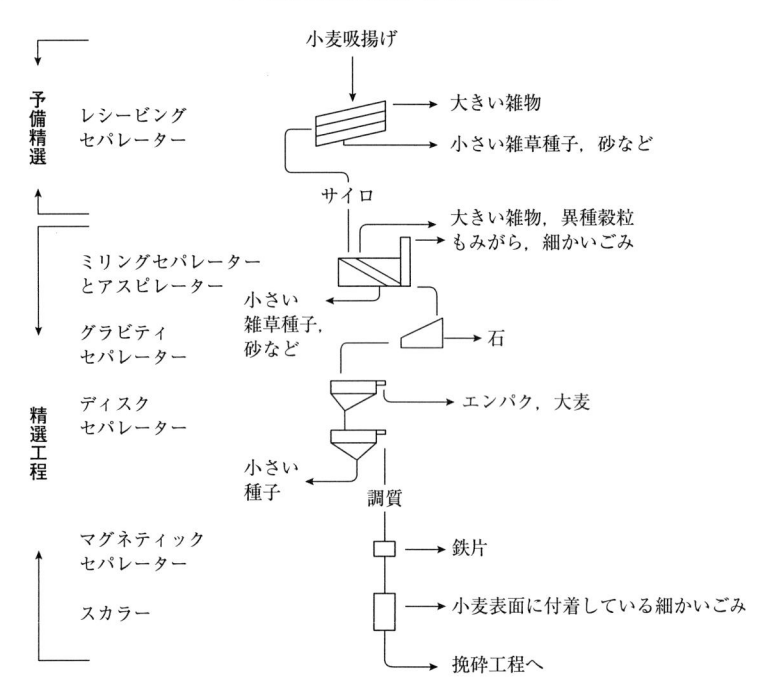

**図 2.3** 典型的な精選機の組合せ（長尾, 1984）

の摩擦によって小麦粒の果皮を除去するピーラーを使うことがある．砥石による研磨と小麦粒間の摩擦で種皮までも除く機械は，採り分けをしない製粉で使われる．効率と精度が優れた精選機が次々と開発されている．特殊なきょう雑物や異物混入の危険があり，新しい供給源から買付ける場合には想定外のものの混入も考えられるので，精選工程は重要である．

### 2.1.2 調質と配合

小麦粒は硬い．そのまま粉砕すると胚乳は粉砕されにくく，外皮は細かくなりやすいので，良質小麦粉を高歩留りで採取しにくい．そのため，精選した小麦表面に加水機で数％（一般的には2～3％）の水を噴霧し，タンクで24～36時間常温で寝かせて，挽きやすい状態にする．水を加えることを「加水」，タンクで寝かせることを「テンパリング」，この一連の工程を「調質（コンディショニング）」と呼ぶ．加水量は小麦の水分と硬度，小麦粉の目標水分，気温と湿度から計算で

求めるが，硬い小麦には多めの水を含ませて長めのテンパリングを行い，寒い時期には多めの水でほぐす．加水量は多すぎても少なすぎても製粉しにくく，小麦粉品質にも影響する．寒冷地では蒸気で小麦を暖めることもある．加水量のうちの約 0.5％ を挽砕 2〜3 時間前に小麦に加えることが多い．おもな加水を「一次加水」，挽砕直前を「二次加水」と呼び，3 段階に分けることもある．

小麦粒表面の水が胚芽などを通って内部に浸透し，胚乳は粉砕されやすく，外皮は強靭になって砕けにくくなる．二次加水は外皮をさらに強靭にする．加水量自動調節装置も開発され，工程安定化に貢献している．精選，調質した小麦粒を配合機で配合する．

## 2.2 粉砕とふるい分け

### 2.2.1 小麦製粉の仕組み

外皮をなるべく砕かないで胚乳を分離し，過度の機械的損傷を与えないで細かい粉にする．粉砕には 1 対または両側に 1 対ずつのチルド鋳鉄製ロールを取り付けたロール機（ロール式粉砕機，ローラーミル）（図 2.4）を用い，各種の長さ，直径，表面状態のロールが異なる間隔で設置されたロール機を何台も使う．小麦粒は目立てした 1 対の 1 番ブレーキ(1B)ロールで 2〜3 に開かれるように割られ，いくつかのロールを通るうちに，胚乳の内側から少しずつ段階的に粉が採られる．最後には主として外皮が残る（図 2.5）．

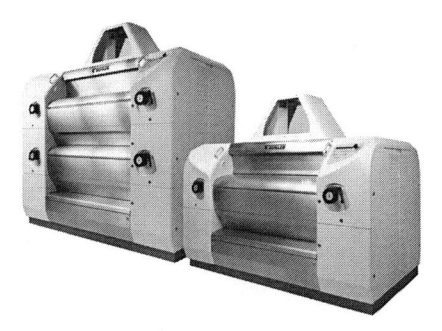

図 2.4 ローラーミル
（Antares；ビューラー株式会社提供）

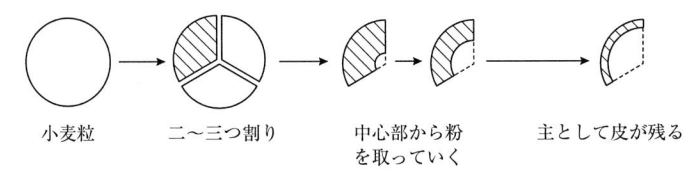

図 2.5 小麦製粉の仕組み（長尾，1995）

図 2.6 プランシフター
(Sirius；ビューラー株式会社提供)

ロールで粉砕されたもの（「ストック」という）をふるい機（シフター）でふるい分ける．プランシフター（図2.6）（目開きが異なる何種類かのふるい絹，ナイロン，またはワイヤーを張った長方形の枠を多数積み重ねたもの）と，スクウェアーシフター（これらのふるい枠を大きな箱の中に多数積み重ねたもの）がある．全体を振動して各ロールから来るストックを粒度で分ける．シフターの一番下方の目開きが細かい（150 $\mu$ 以下）絹かナイロンふるいを通過したものは，製品になる粉（「上り粉」という）である．上部の目開きの粗い（150〜2380 $\mu$）ふるい上に残ったものは，粒度や外皮片の混入率によって別のロールでさらに粉砕するかピュリファイヤーで純化処理（後述）する．再度処理されたストックをさらにふるい分け，粉砕などを繰り返し，その途中で徐々に上り粉を採取する．

## 2.2.2 ロールの役割

ロールは鋳鉄製で，直径が 250〜300 mm，長さが 1000〜1250 mm のものが多いが，長さは 2500 mm まである．ロール機のフレームを仕切り，その両側に 1 対ずつのロールを装備した複式ロール機が一般的で，両側の 1 対ずつのロールは

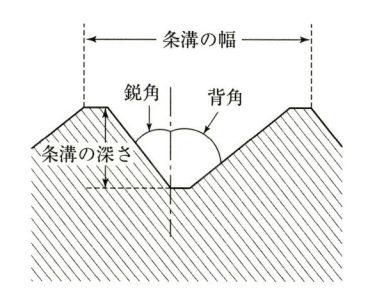

**図 2.7** 目立ロールの歯型（長尾，1984）

独立に動くものが多い．両側のロールが上下2段式になったダブル複式ロール機や8本ロール機もある．

ロールには目立ロール（条溝ロール）と滑面ロールがある．目立ロールには異なる大きさと角度の目（歯型）（図2.7）が刻まれ，1Bロールは1cmあたり3～4目で，ブレーキロール後段ほど目数が多く，5Bロールは9～11である．スクラッチやサイジング工程（後述）の前段では8～9目の目立ロールを使う．1対のロールの1本を高速回転し，もう1本を低速回転して，原料小麦やストックを挟み込みながら引っ掻くように粉砕する．ロールの回転速比が粉砕効率に与える影響は大きく，目立ロールの速比は2:1～3:1，滑面ロールは1.25:1～1.5:1である．歯型の鋭角側を回転方向に向けたものが「シャープ」，背角側を回転方向に向けたものが「ダル」で，シャープ：シャープ，シャープ：ダル，ダル：シャープ，ダル：ダルの組合せがある．ダル：ダルは比較的きれいな中ないし細かいセモリナや上り粉を多く作りやすく，大きなふすまも得やすいので，多く使われる．

### 2.2.3 挽砕工程

挽砕工程はブレーキング，グレーディング，ピュリフィケーション，リダクションの4工程からなる（図2.8）．1Bロールで粉砕したストックをグレーディング工程のシフターで粒度別に分ける．外皮に胚乳が付着している粗い部分を2Bロールで粉砕し，グレーディング工程の次のシフターでふるう．いつまでも外皮に付着するストックはブレーキ工程のロールを順に通るうちに，胚乳が少しずつ削り取られ，5Bロールを通った外皮には胚乳がほとんど付着していない．グレーディング工程のシフターで分けた細かい部分（ブレーキミドリングス）を粒度別に分

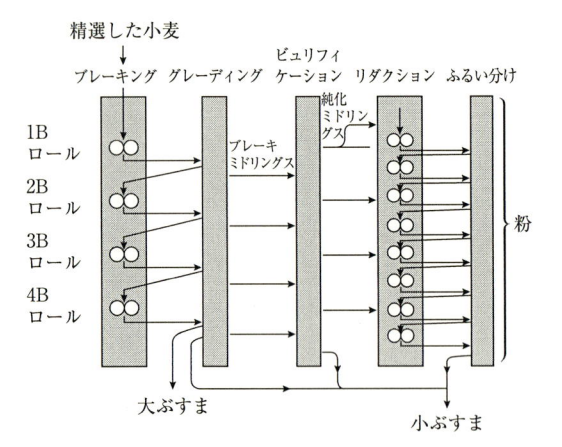

図 2.8 挽砕工程の模式的フローシート（Canadian International Grains Institute, 1975）

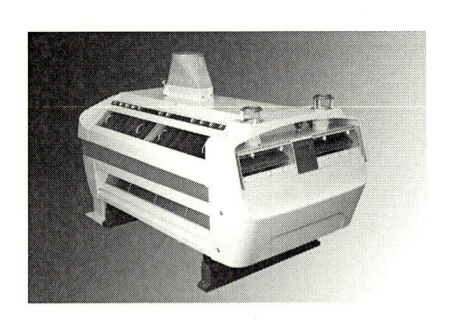

図 2.9 ピュリファイヤー
（Polaris；ビューラー株式会社提供）

け，ピュリファイヤーに送るか，上り粉にする．

　ピュリファイヤー（図2.9）は外皮片が混ざったブレーキミドリングスから外皮を除去する．調節した軽い空気流で外皮片を吸い上げる一方，ふるいで粒度別に分けながらきれいな胚乳（粒度によって「純化ミドリングス」または「セモリナ」）にする．

　リダクション工程では純化ミドリングスとセモリナを細かく粉砕し，胚芽の分離も行う．この工程はサイジングとスクラッチ，テイリング，ミドリングの3つからなる．純化したセモリナを細かくしてミドリング工程へ送る操作がサイジングで，目立てはしてないが表面を粗い粗面加工したロール機で粉砕し，ピュリ

ファイヤーへ戻るストックと上り粉にふるい分ける．スクラッチではピュリファイヤーから出た外皮に胚乳が付着した粗い粒度のものを処理し，両者を切り離す．サイジング後段をテイリングといい，ピュリファイヤーやサイジングからの外皮が多い粗いものを上り粉とふすまに分ける．ミドリングでは純化ミドリングスの粉砕，ふるい分けを行い，できるだけ多くの粉を採る．ここでは6～8台のリダクション・ロール（表面に細かい粗面加工したミドリング・ロール）を使う．順次，ロールで粉砕，ふるい分けし，上り粉を除いた残りを次のロールへ送る．この工程の最終段階からは，粒度が細かい小ぶすまを得られる．

胚芽は1～3Bロールで分離され，ブレーキミドリングスとともにピュリファイヤーに入り，サイジングとテイリング・ロールで圧扁して，シフターでふるい分ける．

### ❦ 2.3 精製と製品化 ❧

小麦粒は中心と周辺部で成分差があるので，挽砕工程の各経路から得られる30～40種類の上り粉は品質が違う．それぞれの品質特性をあらかじめ調べておき，希望する品質になるように組み合わせ，2～4種類の等級にまとめる．1, 2, 3

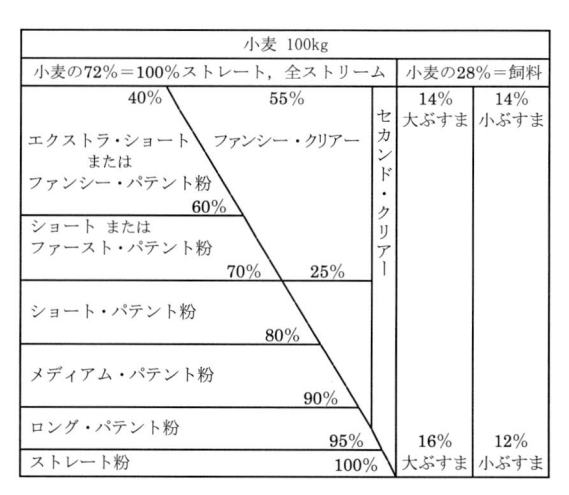

| 小麦 100kg | | | | |
|---|---|---|---|---|
| 小麦の72%＝100%ストレート，全ストリーム | | セカンド・クリアー | 小麦の28%＝飼料 | |
| 40% | 55% | | 14% 大ぶすま | 14% 小ぶすま |
| エクストラ・ショート または ファンシー・パテント粉 | ファンシー・クリアー | | | |
| 60% | | | | |
| ショート または ファースト・パテント粉 | | | | |
| 70% | 25% | | | |
| ショート・パテント粉 | | | | |
| 80% | | | | |
| メディアム・パテント粉 | | | | |
| 90% | | | | |
| ロング・パテント粉 | | | | |
| 95% | | | 16% 大ぶすま | 12% 小ぶすま |
| ストレート粉 | 100% | | | |

**図2.10** 合衆国の小麦粉採り分けパターン（小麦100kgから得られる小麦粉の種類と歩留り）（長尾，1984）

等粉,末粉のほかに,1,3等粉,末粉や,1,2等粉,末粉の採り分け方もある.合衆国では図2.10のような組合せで小麦粉を製造する.ストレート粉だけ,またはロング・パテント粉と末粉を採る国が多い.各経路からの上り粉を製品別コンベヤに入れ,攪拌しながら運搬する.混合機で均質にし,シフターで最終仕上げをする.学校給食用小麦粉にはこの段階でビタミンを添加する.

製品を銘柄ごとのタンクに入れ,品質検査をする.製品どうしを配合して,別の製品にすることもある.品質検査に合格すると,製品タンク下から排出し,自動的に計量,包装するか,バラ出荷用のタンクに入れ,タンクローリー車へバラで積み込む.

## 2.4 工程管理と品質検査

現在ではコンピューターによる自動化,機械類の精度や信頼性向上,センサー活用などで,生産性が格段に高まり,工程が安定して,希望する品質の製品を安定製造しやすくなった.機械類の点検,整備も容易になって故障が減少し,省人化が可能である.水分,色などのオンライン管理も行え,工程自動調節も現実のものになった.

製品の品質検査にはその会社の品質への考え方が反映される.小麦粉の種類,用途によって検査項目と方法を選ぶ.製品タンクに入る直前にサンプルを経時的に採取し,一定時間ごとに縮分してロット試料をつくり,水分,灰分,タンパク質の量を測定し,色をチェックするほか,小麦粉生地の物理特性試験,小麦粉糊の粘度試験,加工試験などを行う.包装前かバラタンク車積載直前にもサンプルを採取し,最終の品質検査を行い,保管中の製品についても変質の有無をチェックする.

ISO 9001や22000,HACCP,AIB方式などの安全管理システムか,それらに準じた独自の方法で十分な安全性の管理を行う.安全な原料の確保,その安全性の確認,製粉工程の衛生管理,異物混入防止,変質防止などのきめ細かい管理が求められる.製品安全性を顧客に保証するためのトレーサビリティの確保も重要である.

## 2.5　ふすま除去による製粉と全粒粉の製造

　小麦粒の外層を剥離と摩擦によって除去してから粉砕する製粉方式が，発展途上国などで実用化されている．小麦用のふすま除去機を用い，小麦粒の物理的性状に応じて最高8％までの外層を注意深く除去する．その後の粉砕工程では小麦粒開披の必要がなく，いきなりサイジングロールで圧力をかけて粉砕できるので工程を大幅に短縮できる．

　表皮に付着する微生物，害虫の残渣，残留農薬，発芽で活性が増した$\alpha$-アミラーゼなどを除去できるので，簡単な精選工程でも衛生的に優れた小麦粉を製造しやすい．日本で一般的な採り分けには向かないが，アリューロン層を含む食物繊維やビタミン含量が多い高歩留り粉を得ることができる．デュラム小麦からはセモリナを高歩留りで得やすい．

　全粒粉は文字通り小麦全粒を粉砕したものである．製粉工程で選別できないので，精選工程で小麦以外のものを完全に除去し，小麦粒表面をきれいに磨き上げる必要がある．用途に応じて，微粉砕技術を活用したふすま片の大きさの調整や原料小麦の選択（硬質か軟質か，赤か白か）を行う．合衆国の規格では，普通の製粉で分けた粉，ふすま，胚芽などを元の比率で配合したものも全粒粉と認めている．各画分は同じ原料小麦のものでなくてもよく，ふすまや胚芽は粉砕などの処理をしてもよい．

## 2.6　製粉技術の今後

　製粉工場には，小麦生産地にあって地元の小麦と外国産小麦との組合せで小麦粉を生産して地場の産業や消費者に供給する比較的小規模な工場と，消費地に立地して主として外国産小麦を使って多種類の小麦粉を大量に生産する大型工場があり，小麦粉生産量に占める割合は後者が圧倒的に多いが，それぞれの特徴を活かした技術革新の方向を探るべきである．

　原料小麦の大半を輸入に依存する日本では，良質小麦の安定確保とその有効活用が最重要テーマである．人口増加，地球温暖化による気温上昇や異常気象の多

発などで，小麦の生産量，価格，品質のこれまで以上の変動が予想され，使用する原料に変化が起こる可能性も大きい．そのような場合があっても安定した良品質の小麦粉を生産できる工程や技術を持つ必要がある．コンピューター，センサー，オンライン品質測定機器などの効果的活用によって生産性がいっそう向上し，故障による製造中断や品質低下が少なくなるとともに，二次加工工程の機械化と自動化に対応できる安定した品質の小麦粉の生産が期待される．

それぞれの用途に適した小麦粉や製粉製品が求められる．メーカーは市場ニーズの調査，掘り起こし，海外市場動向の調査などを通して製品開発の方向を見きわめ，最も適切と思われる製品を供給し続ける必要がある．小麦粉や製粉製品の安全性の確保も最重要課題であり，それを可能にするハード面の充実とそれを活かしたきめ細かい管理が求められる．

## 文　献

Canadian International Grains Institute（1975）．Grains and Oilseeds，p. 461.
長尾精一（1984）．小麦とその加工，pp. 126, 129, 135, 143，建帛社．
長尾精一（1995）．小麦の科学，p. 71，朝倉書店．
長尾精一（2011）．小麦粉利用ハンドブック，p. 24，幸書房．

# 3 小麦粉と製粉製品

### ❖ 3.1 小 麦 粉 ❖

## 3.1.1 種類と品質
### a. 日本の小麦粉の種類と品質

小麦粉は，かつては「うどん粉」であり，明治時代に合衆国から輸入したものが「メリケン粉」（American に由来）とも呼ばれた．年に約 490 万 t 製造され，約 97％が業務用（約 40％がパン用，約 34％がめん用，約 12％が菓子用，約 1％が工業用，約 10％がその他用）で，残りの約 3％が家庭用である．小麦粉

表 3.1 小麦粉の種類，等級，品質，おもな用途（長尾，1984）

| 等 級 | 1 等粉 | 2 等粉 | 3 等粉 | 末 粉 |
|---|---|---|---|---|
| 灰分量 | 0.3～0.4％ | 0.5％前後 | 1.0％前後 | 2～3％ |
| 強力粉 | パ ン<br>(11.5～12.5) | パ ン<br>(12.0～13.0) | グルテンおよびデンプン | |
| 準強力粉 | パ ン<br>(11.0～12.0)<br>中華めん<br>(10.5～11.5) | パ ン<br>(11.5～12.5) | グルテンおよびデンプン | 合 板<br>飼 料 |
| 中力粉 | ゆでめん・乾めん<br>(8.0～9.0)<br>菓 子<br>(7.5～8.5) | オールパーパス<br>(9.5～10.5)<br>菓 子<br>(9.0～10.0) | | |
| 薄力粉 | 菓 子<br>(6.5～8.0) | 菓 子<br>オールパーパス<br>(8.0～9.0) | | |

（ ）内はタンパク質含有量（％）．

食品の多さに対応し，業務用は種類が多い．小麦を挽いて皮を除いた細かい粉が「小麦粉」だが，全粒粉もある．粗いざらめ状のものは「セモリナ」で，デュラム小麦が原料のものが多く，それ以外の小麦からのものやセモリナより細かめのものを「ファリナ」とも呼ぶ．規格や分類の定めはないが，便宜上，種類と等級（表3.1）で分類する．

　種類は原料小麦の配合でつくる（図2.2参照）．強力粉の主用途は食パンで，①吸水が良い，②生地をつくりやすく取り扱いやすくて，適度の弾力がある，③体積が大きくおいしいパンを歩留り良くつくれる，という3点が求められるので，1CW小麦（タンパク質13.5％以上）にDNS小麦（タンパク質14.0％以上）を配合し，HRW小麦を少量配合することも多い（1CW，DNSなどの外国産小麦の略称については1.3.6項を参照のこと）．強力粉はタンパク質が多く，生地の弾力が強いので，ややタンパク質が少ない準強力粉とともに2等粉以上が各種パンの製造に使われる．準強力粉に分類されるものに中華めん用粉もあり，生中華めん，蒸し中華めん，餃子，ワンタンなどがつくられる．めんにコシがあり，ゆで伸びが遅く，生めんが冴えた色合いでホシが少なくて経時変色が少ないことが求められるので，硬質系小麦を配合して挽砕し，色がきれいなストリームを集める．即席ラーメン用も硬質系小麦の粉が主だが，湯戻しを容易にするために軟質系小麦の粉を少し配合することもある．タンパク質は中華めん用粉より少なめのものが多い．

　中力粉は日本めんと菓子に使われる．日本めん用粉に求められる特性は，めんが①ソフトだが弾力があり滑らかな食感，②冴えたきれいな色，③ゆで上げ時間が適度でゆで伸びしにくいこと，である．デンプンの糊化温度が低めで膨潤度が高いものがよく，やや低アミロース含量の小麦がこの特性を持つ．国内産小麦が原料に使われていたが，めん用品種を主体にして日本向けに調製され，①グルテンの質が中庸，②タンパク質が10〜11％，③胚乳が冴えた明るい色，④デンプンがめんに向くという，特性を備えるASW小麦が主原料になった．国内産小麦は品質差が大きく，粉色にくすみがあり，食感も今一歩のものが多かったが，北海道の「きたほなみ」などの有望品種が生産され，それらが主原料のめん用粉もある．菓子用の中力粉にはWW小麦を配合する．中力粉，薄力粉の順にタンパク質が少なく，生地が弱い．薄力粉は菓子，調理などに使い，WW小麦が主原

料である．ケーキ用にはオーブンでよく膨らみ，冷却後も極端に収縮しないで体積が大きく，内相のキメが細かくて，ソフトな食感が求められ，タンパク質が少なくソフトで，デンプンに適性があり，$\alpha$-アミラーゼ活性が低く，粒度が細かい粉がよい．かすてらには特にタンパク質がソフトな粉が適する．クッキー用にはよく広がり口溶けが良いことが求められ，タンパク質が少なくソフトで，デンプンに適性があり，$\alpha$-アミラーゼ活性が低い必要がある．

パスタには高純度のデュラム・セモリナを使う．デュラム小麦にはグルテニンが多いので粘りが強い独特の食感になり，黄色色素が多い点も都合がよい．

等級は製粉工程で分け，上位等級の粉は灰分量が少なく，色もきれいである．1等粉の中で特別のものを「特等粉」，灰分が多めのものを「準1等粉」ともいう．「強力2等粉」とか「薄力1等粉」のように呼ぶ．

家庭用は料理，クッキー，手打ちうどんなどに使う薄力粉の消費が多い．パンや餃子の皮には強力粉またはパン用粉を使い，ケーキ用にはケーキ適性が特に高い薄力粉や，菓子用またはケーキ用と表示された小麦粉がある．

### b. 外国の小麦粉の種類と品質

#### 1) 合衆国

合衆国ではデュラム以外の小麦を粉砕，ふるい分けし，大部分が210 $\mu$m の布ふるいを通過するものが「小麦粉」で，それより粗いものが「ファリナ」または「セモリナ」である．業務用にはパン用，菓子用，パスタ用がある．ストレート粉とロング・パテント粉が主流で，灰分は0.50 % 以上である．ケーキ用にはショート・パテント粉を使う（図2.10参照）．ふすま片が目立たない硬質白小麦を微粉砕した全粒粉もある．家庭用は日本の準強力粉に近いものが多く，それでパンやクッキーをつくり，ケーキにはケーキミックスを使う．

#### 2) ヨーロッパ主要国

イギリスでは約63 % がパン，約13 % がビスケットに使われ，パン用の約84 % が白い粉，約4 % が褐色粉，約10 % が全粒粉である．白小麦粉は歩留りが約75 %（灰分は乾物量ベース（以下，db）で約0.55 %）でタンパク質も少ない．褐色粉は歩留り約85 % である．胚芽や麦芽粉添加の褐色粉や全粒粉，石挽き全粒粉，有機小麦粉もある．ドイツの業務用は高級パン用，標準パン用，菓子用，パスタ用で，タイプ 405, 550, 812, 830, 1050, 1600, 1700 と全粒粉がある．数字

は灰分（db）の目安で，550（灰分0.55％）が最も多い．パン用粉のタンパク質は10.5～11.5％（14％水分ベース）が多い．家庭用は日本の準強力粉よりグルテンがやや弱い．フランスでも業務用はパン用，菓子用，パスタ用があり，45，55，65，80，110，150というタイプに分ける．数字は灰分（db）の目安で，45は灰分が0.50％以下，55は0.50～0.60％，65は0.60～0.75％である．90％以上はタイプ55で，タンパク質は10～11％（14％水分ベース）のものが多く，おもにパン用である．タイプ45はケーキ，タイプ65はビスケットに多く使われる．イタリアでは精製度で00，0，1，2に分け，00が最も精製度が高いが，灰分は日本の1，2等粉の中間である．約70％がパン用で，残りが菓子とピザ用だが，同じ小麦粉を使う．デュラム・セモリナはパスタ用である．

### 3） アジア主要国

韓国には多用途粉，パン用粉，ケーキ用粉，配合粉，全粒粉があり，1，2等粉が食用，3等粉は飼料用である．多用途粉（約2/3）はめんなど用途が広く，パン用粉は約16％，家庭用は約7％である．他穀粉を混ぜた配合粉は少量だが伝統食に使う．中国では75～80％がマントウとめん用，13～18％が菓子用，7～8％がパン用である．北部ではマントウが消費量の約70％だが，南部では米やめんが主食である．臨海部には灰分0.5％程度の粉もあるが，4種類（灰分は一般粉が1.40％以下，標準粉が1.1％以下，1等粉が0.70％以下，2等粉が0.85％以下）の地域が多い．

インドでは食用小麦の約85％を石臼小型製粉所（チャキ）で「アタ」と呼ぶ全粒粉または95～97％歩留り粉にし，チャパティ，プーリィ，ナン，パロンサなどの平焼きパンにして食べる．約15％がロール製粉工場でマイダ（小麦粉），セモリナ，末粉，アタになる．マイダは比較的色が白く，幅広い製品に加工される．ロール製粉工場のアタはマイダを採り分けた残りの粉で，都会ではこれにブランドを付けた包装アタの需要が伸びている．

## 3.1.2 特　性

### a. 物理的特性

上級粉は淡いクリーム色だが，下級粉はややくすみがある．胚乳の色合いの差が小麦粉で微妙な差になる．クリーム色はカロチノイド系色素によるが，少し酸

化されてやや淡くなる．デュラム小麦には色素が多く，そのセモリナは黄色である．日本の小麦粉は無漂白だが，海外では漂白する国もある．直径は 150 μm 以下で，大粒と小粒があり，約半分は 35 μm より小さい．薄力粉は細かく，強力粉や準強力粉は粗めで，中力粉はその中間より細かい．ふるうと粉末状添加物とよく混ざる．水気があるものに付着しやすく，ムニエルや打ち粉に使える．良いにおいを吸うが，異臭も付きやすい．顆粒状に特殊加工もできる．

### b. 成 分

1～2等粉は炭水化物を 70～78 %，タンパク質を 6～14 %，脂質を 2 % 前後，灰分を 0.3～0.6 %，水分を 14～15 % 含む（表3.2）．炭水化物は多い順から薄力粉，中力粉，準強力粉，強力粉で，1等粉が多く，下級粉ほど少ない．食物繊維は1等粉に 2.5～2.9 % あり，水溶性が半分よりやや少ない．タンパク質は薄力粉，中力粉，準強力粉，強力粉の順に多くなる．脂質は少ないが，貯蔵で変化する．

ビタミンやミネラル類も少量ある．灰分量が少ない小麦粉は冴えたきれいな色だが，多いとくすむので，品位（等級）の尺度になる．製粉で胚乳の部位別分離がきちんと行われたか，胚乳のどの部分の粉か，胚乳周辺部の混入度がどの程度かの推定に使える．

表 3.2 小麦粉・胚芽の主要栄養成分（100 g あたり）（『日本食品標準成分表 2010』から抜粋）

| | エネルギー | | 水分 | タンパク質 | アミノ酸組成によるタンパク質 | 脂質 | トリアシルグリセロール当量 | 炭水化物 | 灰分 | 食物繊維 | | |
|---|---|---|---|---|---|---|---|---|---|---|---|---|
| | | | | | | | | | | 水溶性 | 不溶性 | 総量 |
| （単位） | kcal | kJ | g | | | | | | | | | |
| 薄力 1 等粉 | 368 | 1540 | 14.0 | 8.0 | 7.3 | 1.7 | 1.5 | 75.9 | 0.4 | 1.2 | 1.3 | 2.5 |
| 2 等粉 | 369 | 1544 | 14.0 | 8.8 | 7.8 | 2.1 | 1.8 | 74.6 | 0.5 | 1.2 | 1.5 | 2.7 |
| 中力 1 等粉 | 368 | 1540 | 14.0 | 9.0 | 8.1 | 1.8 | 1.6 | 74.8 | 0.4 | 1.2 | 1.6 | 2.8 |
| 2 等粉 | 369 | 1544 | 14.0 | 9.7 | 8.7 | 2.1 | 1.8 | 73.7 | 0.5 | 1.2 | 1.7 | 2.9 |
| 強力 1 等粉 | 366 | 1531 | 14.5 | 11.7 | 10.6 | 1.8 | 1.6 | 71.6 | 0.4 | 1.2 | 1.5 | 2.7 |
| 2 等粉 | 367 | 1536 | 14.5 | 12.4 | 11.4 | 2.1 | 1.8 | 70.5 | 0.5 | 1.2 | 1.6 | 2.8 |
| 全粒粉 | 328 | 1372 | 14.5 | 12.8 | — | 2.9 | 2.4 | 68.2 | 1.6 | 1.5 | 9.7 | 11.2 |
| 小麦胚芽 | 426 | 1782 | 3.6 | 32.0 | 25.9 | 11.6 | 10.4 | 48.3 | 4.5 | 0.7 | 13.6 | 14.3 |

**表 3.3** 小麦粉の平衡水分（Anker et al., 1942)

| 相対湿度 (%) | 平衡水分 (%) | |
|---|---|---|
| | 最高値 (25℃) | 最低値 (37℃) |
| 30 | 9.7 | 8.5 |
| 40 | 11.1 | 9.9 |
| 50 | 12.3 | 11.1 |
| 60 | 13.2 | 12.3 |
| 70 | 14.5 | 13.7 |
| 80 | 16.3 | 15.8 |

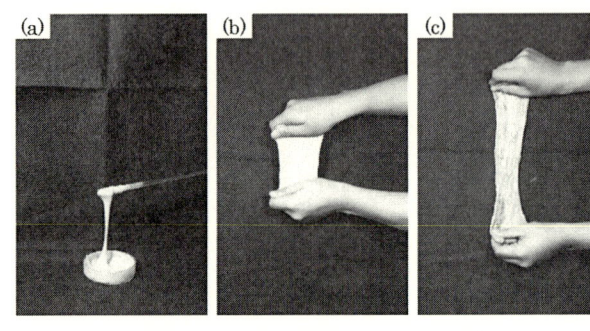

**図 3.1** グルテンとその成分（長尾, 1984)
(a) グリアジン, (b) グルテニン, (c) グルテン.

水分は 14.0〜14.5％ が多い．調質で硬質小麦や寒い季節には多めの水を含ませて軟らかくする必要があるので，強力粉や準強力粉は中力粉や薄力粉より約 0.5％ 水分が多く，冬の方が夏より多めである．自由水は多過ぎると飛散し，少な過ぎると吸湿する．小麦粉平衡水分を表 3.3 に示した．

**c. グルテン形成**

小麦粉に適量の水を加えて捏ねると生地（ドウ）になり，水中でもみほぐすとデンプンが出る．新しい水で数回もむように洗うとグルテンが残る．ふわふわだが引っ張ると弾力があり，水を搾り出すとべたつく．小麦粉には多種類のタンパク質があるが，約 85％ はグリアジンとグルテニン（ほぼ同量）で，水を加えて捏ねるとこの両者が結び付き，絡み合ってこのようなグルテンになる．グルテニンは弾力に富むが伸びにくく，グリアジンは弾力が弱くて粘着力が強く伸びやす

い性質で，グルテンは粘着性と弾性を適度に兼ね備える（図3.1）．グルテンができるのは小麦粉だけの特性である．

**d. 異なる状態の生地に**

小麦粉の種類や品質，加水量，副材料や添加物の種類や量，捏ね方，グルテニンとグリアジンの比率や分子構造により，グルテンの量と粘弾性のバランスが異なってくる．強力粉は薄力粉よりグルテン量が多い．製パンでは，小麦粉に副材料と水(粉100に対し60〜70)を加えてよく捏ね，軟らかく弾力がある生地にする．グルテンは薄い膜になり，デンプン粒や気泡を包み込みながら，網目で細い繊維状になる（図3.2, 3.3）．発酵で発生した二酸化炭素は多数の小気泡になって生地組織に入り，全体を押し広げ，大きな体積ときめ細かいすだちをつくる．オーブンで熱が加わると最後のガスを発生し，体積がさらに大きくなる．中心温度が95〜97℃になるので，網目状組織は変性して固い骨組みになる．

軟らかくて適度のコシがあるうどんもグルテンの力による．めん用小麦粉100に対し水を30〜33を加えてミキサーで混ぜ，そぼろ状生地にする．2本のロール間で圧しながら伸ばすと，伸びは一定方向だがある程度の弾力のグルテンが形成される．手打ちはよく捏ねるのでグルテンが複雑に絡まった網目状になり，適度の弾力（コシ）が出る．

ケーキが膨らみ，てんぷらが花が咲くように揚がるのも，小麦粉のデンプンと

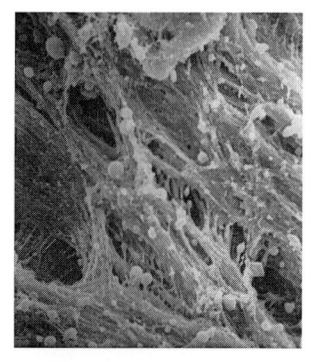

図3.2 繊維状になった小麦グルテン（走査型電子顕微鏡による；×520）（長尾，1998）
白い球状のものは分離されずに残ったデンプン．

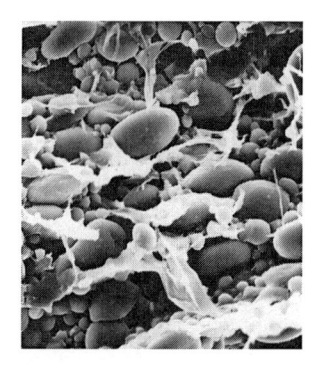

図3.3 小麦粉生地中のグルテンとデンプン（走査型原子顕微鏡による；×480）

量が少なく力が弱いグルテンによる．小麦粉に対し水や卵などの液体を約2倍加え，ざっくり混ぜ，トロッとしたバッター（軟らかい練り生地）にする．タンパク質が少なくその質が軟らかい小麦粉を使い，グルテンができ過ぎないように軽く混ぜる．

小麦粉に5〜20倍の水を加えて混ぜ，加熱すると薄い糊になる．

### e. デンプンの糊化

小麦粉を水に溶いて混ぜ，加熱していくと，デンプン粒が吸水，膨潤して糊化が始まり，やがて完全に構造が破壊されて糊になる（図1.19参照）．ゆでうどんが軟らかいのに適度の弾力があるのは主として糊化したデンプンにより，食パンがかなり長時間軟らかい内相を維持できるのもグルテン網目構造中の糊化デンプンによる．ケーキ構造の気泡膜は主として糊化デンプンでできており，溶けるような食感をもたらす．小麦粉に溶かしたバターを加えて炒るとルーになり，糊化しながら溶けることで料理にとろみとコクを与える．

### f. 熟 成

収穫直後の小麦粒は酵素活性が強く，生地を軟化させる還元性物質も多い．少し貯蔵すると自然酸化が進むが，空気搬送工程で製粉すると小麦粉に空気が混ざって自然酸化がさらに急速に進み，パンなどに加工しやすくなる．このような変化を「熟成（エージング）」（長尾他，1982）といい，収穫後数か月以上経つ輸入小麦はある程度の熟成が進んでいる．

「小麦の化学と技術セミナー」（アメリカ穀物化学者協会と製粉協会共催，1979年，東京）で，カナダ国際穀物研修所のTweedは，製粉後24時間の変化が速くて大きいが，その後の変化は少ないと述べ，オーストラリア小麦庁のCracknelとオーストラリア連邦科学産業研究機構のSimmondsは，同国では小麦粉熟成期間は特に問題にならず，サイロや倉庫に3〜4日置いて出荷するのが普通であると述べた（Simmonds, 1979）．このように小麦粉の熟成に必要な期間についてはさまざまな見解があり，学問的結論は得られていない．筆者らは，収穫後数か月経過した小麦から空気搬送工程で製造した小麦粉は製粉後3日くらいで実際の製パンでほとんど問題ない程度に熟成が進むことを確認している．しかし，業務用は商習慣や品質検査などで，それよりも少し長く置いて出荷される．家庭用については，流通過程が長いので熟成度合を気にする必要はないと思われ

る.

### 3.1.3 貯　蔵

　小麦粉は好条件なら長期間貯蔵できるが，温湿度や雰囲気で品質が変化する．高水分，吸湿，下位等級の粉などは製パン性低下が速い．ファリナは粉より品質変化が遅い．pH低下と微生物増加が品質変化指標として使え，低温湿度で，水分が低く，上位等級の粉ほど，pH低下が少なく品質を保てる．pH低下は脂質，タンパク質，フィチン酸などの加水分解で生成される遊離アミノ酸，脂肪酸，リン酸などによる．水分含量が普通でも，脂質が少しずつ加水分解されて遊離脂肪酸が増加し，pHが低下する．通常の貯蔵条件ではデンプン内部脂質は分解しないが，かびが増殖すると内部脂質の結合極性脂質が分解されて，製パン性が低下する．

　条件が悪いと変質し，害虫やネズミの被害を受けやすい．一方，好条件下での貯蔵でも，長年月が経過すると枯れ過ぎ（過熟成）になる．変質がなければ過熟成の状態でも食べられるが，特有の匂いはなくなり，グルテンがもろくなるので，パンなどには使いにくい．

　小麦粉の貯蔵や保管では，以下の点に留意する．
① すのこなどの上に置く．
② 低温湿度で貯蔵する．温湿度管理ができない倉庫では，好天の日に空気を入れ替え，降雨時に余分な湿気を入れない．
③ 下積みで放置しない．
④ 入荷順に出庫，使用する．
⑤ 倉庫内を常に清潔にする．ネズミの出入り口をふさぎ，小麦粉に接触しないよう配慮をして殺鼠剤や忌避剤を散布．穀類などと同時に保管しない．不潔になりやすい箇所の清掃をし，必要に応じて小麦粉に直接触れないように燻蒸する．虫がつくか，変質した小麦粉は早く処分する．
⑥ バラタンクも清掃する．タンク内の壁や搬送経路に小麦粉が付着したままだと，かびが発生するか固まりやすい．

　製粉協会製粉研究所は小麦粉を長期間保存して品質変化を調べ，保存条件さえ良ければかなりの期間おいしく食べられることを確認している．しかし，グルテ

ンの特性と用途を考慮し，強力粉では製造後 6 か月，薄力・中力粉では製造後 1 年間を賞味期限としている．

### 3.1.4　衛生品質と安全性
#### a.　微生物

タンパク質の熱変性を避けるため製粉工程では加熱殺菌を行わず，物理的手段できょう雑物や異物を除去し，小麦粒表面を磨いて付着微生物を減少させる．小麦の一般生菌数は $10^4 \sim 10^7/g$ で，土壌由来のものが多く，万全の処理をしてもある程度残る．

食品衛生法には小麦，小麦粉の微生物基準はない．厚生労働省提示の「洋生菓子の衛生規範」の小麦粉成分規格では芽胞形成菌数が 1000/g 以下である．小麦粉の一般生菌数は $10^2 \sim 10^4/g$ で，大腸菌群は陽性になる場合がある．上級粉は菌数が少ない．普通の条件ではこれらの菌は増殖せず，加熱して食べるので通常の菌数なら問題ないと考えられる．

小麦粉にみられる細菌としては，他農産物と同様に好気性耐熱性芽胞菌の *Bacillus* 属が最も多い．なかでも，グラム陽性の大きい桿菌で耐熱性芽胞を形成する *Bacillus subtilis*（枯草菌）が多く，80℃，30 分の加熱に耐性があるので加工食品腐敗の主役になりやすい．自然界に広く分布するグラム陽性球菌で芽胞を形成しない *Micrococcus* 属も多い．耐熱性はないが，グラム陰性菌より死滅温度が高い．グラム陰性無芽胞桿菌の *Pseudomonas* 属も多く，色素を産生するものがある．腸内細菌属と生理活性が似ており，腸内細菌と誤って判定されることがある．これらは湿度 95％ 以上で保管された場合にのみ増殖する．

かびの *Aspergillus* 属（麹菌）と *Penicillum* 属（青かび）は少なく，*A. fumigatus*, *A. repens*, *A. candidus* が少量検出される程度である．*Aspergillus* 属は湿度 70〜80％ で発芽するものが多いが，*Penicillum* 属は 78〜90％ で発芽する．条件が悪い倉庫では細菌よりかびが先に発芽する．酵母も小麦粉中には少ない．

#### b.　害　虫

製粉工場では害虫侵入防止，汚染箇所絶滅，中間産物滞留箇所絶滅などを行い，定期的に清掃する．小麦粉につきやすい虫の代表はコクヌストモドキ（図 3.4）で，卵径は 0.1 mm 程度，老熟幼虫体長は 6 mm 程度，成虫体長は 3〜4 mm である．

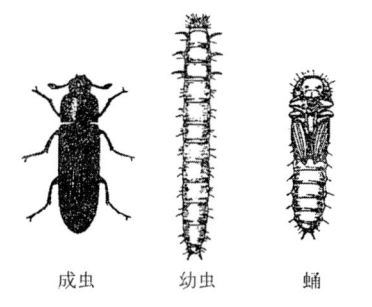

図3.4 コクヌストモドキ(橋本, 1982) 成虫 幼虫 蛹

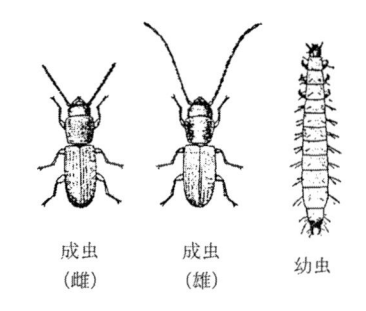

図3.5 カクムネヒラタムシ(橋本, 1982) 成虫(雌) 成虫(雄) 幼虫

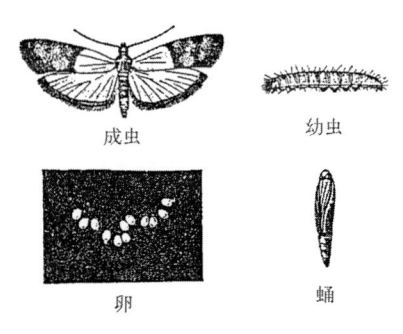

図3.6 ノシメマダラメイガ(橋本, 1982) 成虫 幼虫 卵 蛹

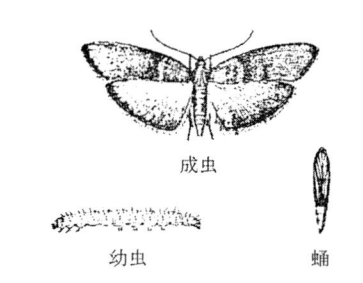

図3.7 スジコナマダラメイガ(橋本, 1982) 成虫 幼虫 蛹

飛翔しないが,成虫の歩行速度は速い.繁殖力が強く,環境変化にも耐性がある.カクムネヒラタムシ(別名カクムネコクヌスト)(図3.5)は古い変質した粉を好み,卵殻は軟弱で潰れやすい.老熟幼虫体長は3mm程度,成虫体長は雄が2.3mm前後,雌が2.0mm前後である.成虫は飛翔力があり,歩行速度は遅いが,コクヌストモドキに少し遅れて蔓延する.ノシメマダラメイガ(旧別称ノシメコクガ)(図3.6)は幼虫が糸を張りながら食害するので,発見しやすい.成虫は短距離を低速で飛ぶ.成虫期間が短く,年4回ほど成虫が大発生する.卵は0.35〜0.5mm,老熟幼虫体長は8〜10mm,成虫体長は雄が6mm,雌が10mm程度である.同類でスジコナマダラメイガ(図3.7)もみられる.

　他の食品に繁殖して,小麦粉に入りやすい虫もある.オオコクヌストは老熟幼虫体長が20mm,成虫体長が6〜10mmで,パレットとともに製粉工場に持ち込まれる.ヒメカツオブシムシは老熟幼虫体長が10mm,成虫体長が4.6〜6mm,ヒメマルカツオブシムシは老熟幼虫体長が4.5mm,成虫体長が2.5〜

**表 3.4** 食品衛生法で定められている小麦製品の残留農薬基準値（2014 年 4 月現在）

| 品目名 | 基準値（ppm） | | | |
|---|---|---|---|---|
| | 小麦粉 | 小麦全粒粉 | 小麦ふすま | 小麦胚芽 |
| イミダクロプリド | 0.02 | | 0.2 | |
| カルバリル | 0.2 | | 2 | 1 |
| クロルピリホス | 0.1 | | | |
| クロルピリホスメチル | 2 | | 20 | |
| クロルメコート | 2 | 5 | | |
| ジクロルボスおよびナレド | 1 | 2 | 10 | 10 |
| ジクワット | 0.5 | 2 | 5 | |
| ジプロジニル | | | 2 | |
| スピノサド | | | 2 | |
| チオジカルブおよびメソミル | 0.03 | | 3 | 2 |
| デルタメトリンおよびトラロメトリン | 0.3 | 2 | 5 | |
| トリフロキシストロビン | | | 0.5 | |
| ビオレスメトリン | 1 | 1 | 5 | 3 |
| ビフェントリン | 0.2 | 0.5 | 2 | |
| ピペロニルブトキシド | 10 | 30 | 80 | 90 |
| ピリミホスメチル | | | 15 | |
| ファモキサドン | | | 0.2 | |
| フェニトロチオン | 1.0 | 5 | 20 | |
| フェンバレレート | 0.2 | 2 | 5 | |
| プロクロラズ | | | 7 | |
| ペリメトリン | 0.5 | 2 | 5 | 2 |
| マラチオン | 1.2 | | | |
| メトプレン | 2 | 5 | 10 | |
| 臭　素 | | 50 | | |

3.5 mm, ハラジロカツオブシムシは成虫長が 9～10 mm で, これらはバラ科やキク科植物から飛来しやすい. チャイロコメノゴミムシダマシは老熟幼虫体長が 33 mm, 成虫体長が 15 mm 程度で, 高湿気箇所に大きな幼虫がいる. ジンサンシバンムシとタバコシバンムシはおもに乾めん類に発生するが, 小麦粉も食害し, いっせいに成虫に羽化し, 飛翔する. 両者は触角の形状の違いで区別できる. ヒラチャタテは成虫体長が 1～1.3 mm で, 多湿な箇所に生えるかびを食べる. 粉に潜り込むことはなく, 表面にいる（橋本, 1982）.

**c. 残留農薬**

小麦粉, 小麦全粒粉, 小麦ふすま, および小麦胚芽の残留農薬基準を表 3.4 に示した. 輸入小麦は農林水産省が輸入業者に着地検査（日本到着前に安全性確認

する船積時検査）と，サーベイランス検査（定期的に産地・銘柄別に行う船積前積地検査）を義務付け，厚生労働省が行政検査（貨物到着時の食品衛生法に基づく検査）を実施している．

　小麦の農薬については登録制度がある．農薬取締法に基づき，人が一生涯食べても影響がない残留量が登録保留基準に定められている．小麦生産段階では登録された農薬を適正に使用するよう生産工程リスク管理が徹底して行われ，農林水産省によるモニタリング検査も実施されている．製粉会社は原料小麦の残留農薬量を常時チェックし，問題がないことを確認して使用するが，万が一小麦粒表面に付着している場合に備えて常に入念な精選を行う．製品も残留農薬量を測定し，上記基準値以内であることを確認して出荷する．

**d. その他**

　*Fusarium* 属菌による赤かび粒や麦角菌による麦角粒など，生育や保管環境で小麦に発生する病気は農産物検査法の基準で検査され，基準外は食用から除外される．*Fusarium* 属菌が産生するかび毒素（マイコトキシン）であるデオキシニバレノールの暫定基準は 1.1 ppm である．異物混入にも細心の注意を払い，金属探知機による金属類のチェックも行う．

　遺伝子組換え（GM）小麦の開発・利用は今後議論されるべきテーマである．GM 作物は増え続ける人類の食糧を限りある耕地から確保する解決策の候補として注目され，トウモロコシやダイズなどいくつかの作物ではすでに GM 品種が実用化され普及している．しかし，小麦においては，2014 年現在実用化された例はない．合衆国はじめ主要な生産国では研究が進んでおり，技術的には実用化レベルに達していると思われるが，最も重要な食用作物であるだけに，安全性の科学的検証を尽くし消費者の理解を得るには今後特段の努力が必要であろう．日本の製粉業界は，現時点（2014 年）では「遺伝子組換え小麦は買わない」という意思表示を行っている．

　小麦はソバなどと並んでアレルギー発現頻度が高く，発症した場合アナフィラキシーショックのような重篤性があるということで特定原材料に指定され，表示が義務化されている．小麦アレルギーの人は，表示に注意をして食品を選択していただきたい．

## ❖ 3.2 品質評価法 ❖

小麦粉の品質を評価するにあたって，まずはロットを代表するサンプルを採取する．いろいろな箇所から平均的に同量ずつサンプリングし，ポリエチレン袋などで混合，縮分する．通気性がよい容器入りの場合には水分の飛散や吸湿に注意し，少量しかない場合にはよく混ぜる．サンプルは密封保管する．用途や目的から必要な項目や測定法を選び，それらの結果を総合して品質を評価する．

### 3.2.1 物理性状
#### a. 色

ペッカーテストと呼ばれる判定法では，ガラスかプラスチック板に比較する粉を並べてヘラで境界をはっきりさせ，上から押し付け，色調差とふすま片混入を肉眼で観察後，水中に浸して引き上げ，湿色を比較する．中華めん用粉はかん水に浸して色合いと経時変化を観察する．

分光光度計で反射率を測定する場合には，粒度の影響を除くために小麦粉をペースト状にする．ケント・ジョーンズ・マーチン社（イギリス）製フラワー・カラー・グレーダーは小麦粉専用のフィルターを使う光電比色計で，試料 30 g に純水 50 mL を加えてペースト状にし，標準板の色と比べてカラー・グレード・バリュー（略して，カラー・バリュー）を得る．測定値は機差が大きく単位も基準もないが，小さい値ほど明度が高い．アグトロン直読式反射分光光度計で AACCI 法 14-30.01 によって測定する方法，ミノルタ彩度計を用いて国際照明委員会（CIE）制定の $L^*$（明度），$a^*$（赤色ー緑色傾向），$b^*$（黄色ー青色傾向）の表色系で測定する方法もある．

#### b. 粒 度

木製ボックス型テストシフターに必要な目開きのふるい枠をセットし，一定時間ふるい，上下区分の比率（%）を求める．強制通風ジェットシーブを使うと細かい部分の分布を測れるが，再現性があまりよくない．液体中に一定量の小麦粉を懸濁，静置し，沈降速度から粒度分布を調べる方法，液層に光を走査させて透過度を調べる沈降法もある．AACCI 法 55-40.01 は，多重チャンネルレーザー

光散乱装置を用いた粒度分布測定法である．

### 3.2.2 成　分

#### a. 水分，灰分，タンパク質（1.4.3項参照）

水分測定法は130℃または135℃絶乾法が一般的で，AACCI法44-15.02は130℃（±1℃）で1時間乾燥する．農林水産省標準計測法には105.5〜107.5℃で3時間と，135℃（±1℃）で1時間の乾燥法がある．ブラベンダー社製迅速水分測定器もある．近赤外線反射（NIR）利用の計測装置も使えるが，基準法に対する較正が必要である．

灰分測定では高温灰化法が多く使われ，磁製皿を用いる方法もある．タンパク質測定での全窒素からのタンパク質換算計数は小麦粉および小麦粉加工品は5.7，ふすまは6.25である．NIR技術は製粉工程での連続的モニタリングにも活用される．

#### b. 繊　維

繊維測定値には対象と測定法を付記する．AACCI法には粗繊維測定法（32-10.01），全食物繊維測定法（32-05.01, 32-06.01, 32-07.01, 32-25.01），不溶性食物繊維測定法（32-07.01, 32-20.01），可溶性食物繊維測定法（32-07.01），難消化性デンプン測定法（32-40.01）がある．

#### c. 酵素活性とデンプン損傷度

$\alpha$-アミラーゼ活性はアミログラフ，フォーリング・ナンバーなどの測定データから推定できる．ポリフェノールオキシダーゼ活性の測定にはAACCI法22-85.01を使え，デンプン損傷度測定法にはAACCI法の76-30.02と76-31.01がある．

#### d. 健全度

酸度には水溶性酸度，アルコール可溶酸度，脂肪酸度があり，酸浸出溶剤としてそれぞれ水，アルコール，エーテル（またはベンゼン）を使う．変質指標としては脂肪酸度が最適で，AACCI法02-01.02に準じた方法を用いる．pHは小麦粉に水を加えてペースト状にし，pHメーターで測定する．通常の小麦粉は5.8〜6.2だが，変質すると低下する．

### 3.2.3 グルテン

#### a. グルテン量とグルテン指数

パーテン社製グルトマティックの方法が AACCI 法 38-12.02 に採用されている．ニーダーフック付きプラスチックチャンバーに小麦粉 100 g と 2% 塩化ナトリウム水溶液 4.8 mL を入れ，20 秒間混捏して生地形成し，5 分間洗滌する．プラスチックチャンバーには 88 μm のふるいがあり，塩化ナトリウム溶液が毎分 50 mL 補充される．グルテンをふるい付き容器に入れ，専用遠心分離機で水を切る．ふるい上下のグルテンを別々に回収し，重量を測定する．その合計が「ウェットグルテン（湿麩）」量で，ふるい上グルテン量を湿麩量で割り，100 を乗じて「グルテン指数（GI）」を求める．

日本には，ボウルに小麦粉 10〜25 g と約 60% の水を入れ，先が丸い木の棒などでよく捏ねた生地を丸め，半自動洗滌装置でグルテンを採り出す方法がある．水切り器で水を絞り出したものの重量の元の小麦粉重量に対する割合がウェットグルテン（湿麩）量，これを乾燥したものの元の小麦粉に対する割合がドライグルテン（乾麩）量である．

#### b. 沈降価

小麦粉 3.2 g を共栓付きメスシリンダーに入れ，ブリュー液（ブロム・フェノールブリュー 0.0008% 液）50 mL を加え，栓をして手で振った後，5 分間振とうする．乳酸アルコール液（85% 乳酸を水で 4 倍に薄め，加温した 180 mL に対しイソプロピルアルコール 200 mL を混合）を 50 mL 加えて振とうし，5 分間静置して沈降部分表面の目盛を読む．

### 3.2.4 生地のレオロジー性状

#### a. ファリノグラフとエキステンソグラフ

ブラベンダー社（ドイツ）製ファリノグラフは小麦粉吸水率や生地性状を調べる装置（図 3.8）である．ミキサー（300 g 用と 50 g 用）に小麦粉を入れ，水を加えて混ぜながら生地が一定の硬さになるまでに入る水量が吸水率である．捏ねる間にミキサー羽根にかかる抵抗をチャートに記録し，生地性状の情報（図 3.9）を得る．ただしこれらの値は測定機による差が大きい．

同社製エキステンソグラフでは，ファリノグラフで捏ねた生地を一定時間ねか

## 3.2 品質評価法

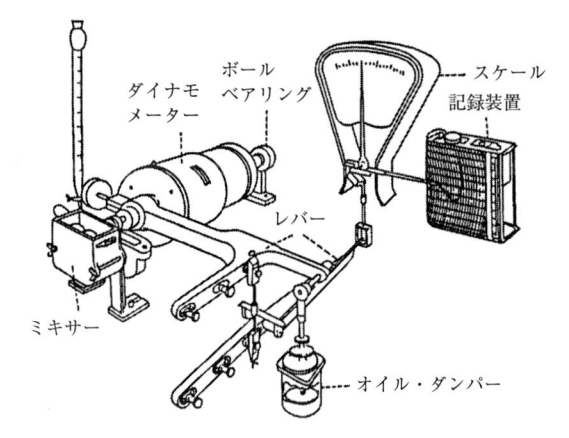

図 3.8 ファリノグラフの機構（長尾，1984）

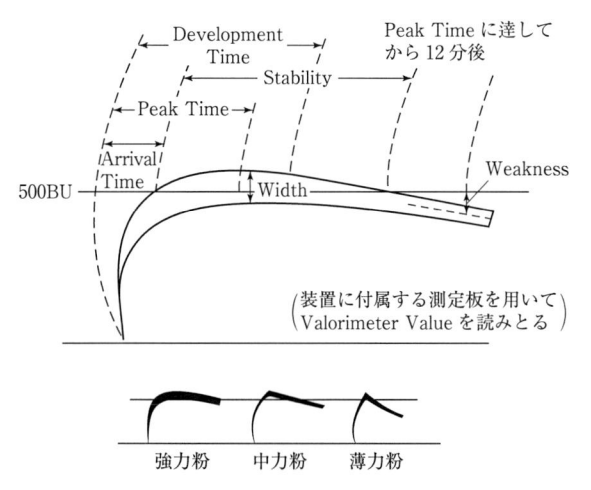

図 3.9 ファリノグラフ曲線の読み方と典型的なチャート（長尾，1984）

せて引張り試験を行い，伸張度と伸張抵抗をチャートに記録する（図3.10）．生地を内蔵の恒温室に45分間ねかせて1回目のチャートを描き，整形し直して45分後に2回目，さらに45分後に同じことを繰り返して3回目の曲線を描く．3回目の曲線のAから生地の力の強さ，Rから生地のコシの強さ，Eからアシの長さを推測できる．ただしこれも装置や操作による差が大きい．

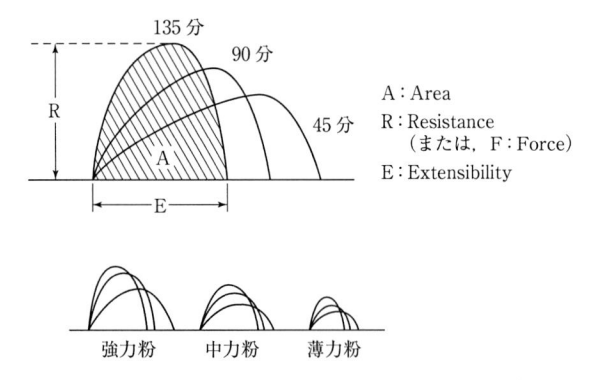

**図3.10** エキステンソグラフ曲線の読み方と典型的なチャート（長尾，1984）

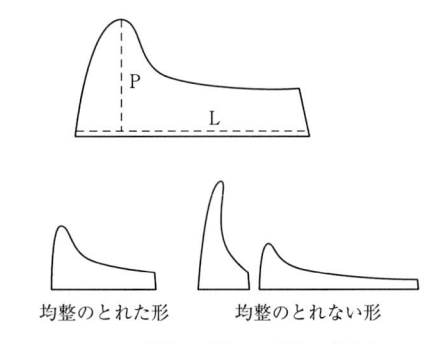

**図3.11** アルベオグラフ曲線の形とこの試験で得られるデータ（長尾，1984）
P：曲線の高さ（cm）（生地の強さ），L：曲線の長さ（cm）（生地の伸び）．
G：生地片を膨らませるのに要した空気量（生地の弾性と伸展性の程度を示す）．
W：生地1gの仕事量を1000 erg単位で示すもの［最も重要なデータで，$W = S \times C/L$（Sは曲線の面積($cm^2$)，CはGから表で求める）で算出］．

### b. アルベオグラフ

ショパン社（フランス）製アルベオグラフ（ショパン・エキステンシメーター）はミキサー，気泡送風機，記録用マノメーターで構成される．粉，水，塩でつくる生地を薄い円盤状にし，中心に圧力空気を送って膨らませ，破れるまでの状態をチャートに記録する．生地が伸びた距離，最大伸張抵抗，曲線の面積（図3.11）を求める．面積は製パン性と関係が深い．利用価値の限界は一定吸水（小麦粉の水分14.0％ベースで50％）の使用で，吸水が多い小麦粉では加水不足になり

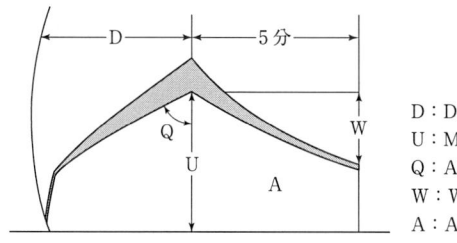

図 3.12 ミキソグラフ曲線の読み方(長尾, 1984)

必要な情報を得にくい．改良型の「コンシストグラフ」を用いる AACCI 法 54-50.01 では，小麦粉の吸水力に応じた調整が可能である．

### c. ミキソグラフ

ナショナル・マニュファクチャリング社（合衆国）製ミキソグラフは，記録式生地ミキサーである．ミキサーには 4 本の垂直ピンがあり，ボウルの底に付いた 3 本のピンの間を回転する．グルテン形成につれ，生地間を回転するピンを押すのに力を増す必要があり，その力をボウルの回転装置で測って生じたトルクを一定速度で動くチャート上に記録し，データを読み取る．このチャート（図 3.12）の形状はタンパク質の量で異なってくる．少量のサンプルで（10 g サンプル用の小型装置もある），再現性も比較的高いので，合衆国では小麦育種の際の品質比較に用いられる．測定の際の加水量は小麦粉のタンパク質含量で決めるが，デンプン損傷度や粒度は加水量に反映されない．

## 3.2.5 糊化性状

### a. アミログラフ（ビスコグラフ）

ビスコグラフはブラベンダー社製の記録式粘度計であり，測定範囲が広い．小麦粉 65 g に水 450 mL を加えた懸濁液をボウルに入れ，攪拌しながら温度を 25℃から 1 分間に 1.5℃ずつ上げ，その間の粘度変化を記録する．粘度曲線（アミログラム）（図 3.13）から糊化開始温度，最高粘度とそのときの温度を読み取る．粘度には B.U.（Brabender Unit）というメーカー設定の単位が付記される．異常な低粘度は，デンプンが異常か $\alpha$-アミラーゼ活性が高い場合にみられる．日本に導入された攪拌羽根はプレートタイプ（板状）で，測定法もブラベンダー社

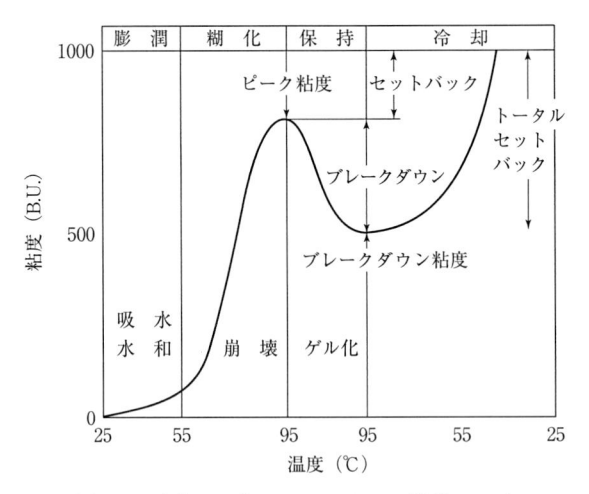

図 3.13 小麦デンプンのアミログラム（遠藤，1984）

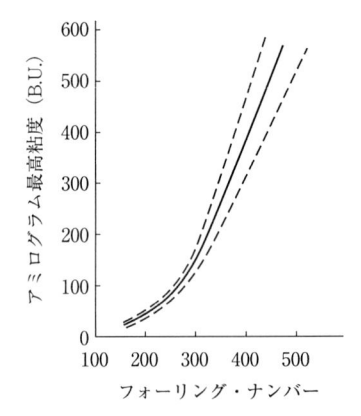

図 3.14 フォーリング・ナンバーとアミログラム最高粘度の関係（沖崎，1969）

の標準法だが，合衆国などではピンタイプが導入され，測定法も AACCI 法（22-10.01）を採用しており，同じサンプルの粘度値が 100 B.U. くらい高めになる．

### b. フォーリング・ナンバーとラピッド・ビスコ・アナライザー

フォーリング・ナンバー（スウェーデン製）は試験管の小麦粉糊中を輪が付いた攪拌棒が落下するのに要する秒数（FN）を読む装置である．1 g のサンプルを

数分で測定できるが,微妙な領域の品質を判定しにくい.FN とアミログラム最高粘度の関係はサンプルの種類や測定の仕方で幅があり,300 秒近辺で差が大きい(図3.14).$y=0.0025x^2-0.0965x-47.1207$($y$:アミログラム最高粘度,$x$:FN)という関係が示されている(沖崎,1969).

ラピッド・ビスコ・アナライザーによる測定法は,AACCI 法 76-21.01 に採用されている.試験用缶に水 25.0 mL と小麦粉 3.50 g を入れ,撹拌羽根で上下に動かしながら激しく 10 回撹拌する.撹拌羽根と缶を撹拌棒にセットし,モーター部を下げると測定が始まり,最高粘度,ピーク後の最低粘度,最終粘度,最高粘度到達時間を短時間で得られる.

**c. マルトース価**

pH 4.6〜4.8 に調整した小麦粉懸濁液を 30℃で 1 時間反応させて生ずる還元糖量をマルトースとして表す.AACCI 法(22-15)に準じた方法が用いられる.マルトース価にはデンプン損傷度とアミラーゼ活性が関係し,正常なアミラーゼ活性の小麦粉ではデンプン損傷度の尺度になる.$\alpha$-アミラーゼ溶液によるデンプン損傷度測定法もある.

### 3.2.6 加工適性

目的に応じた試験法で小麦粉が使いやすいか,良い製品ができるかを判定する.結果の再現性や,判定・評価を的確に行える技術者がいるかどうかも重要である.

**a. パン**

製パン性把握には直捏法(ストレート法)食パン試験が適し,8 点まで試験できる.小麦粉 300 g に対し,イースト 6.0 g,塩 4.5 g,砂糖 9.0 g,ショートニング 6.0 g,捏ね水を準備する.ボウルにイーストを入れ,捏水の一部でよく溶いて,他の副材料を入れる.手で混ぜ,生地の硬さを判断しながら適量の水を加え,手で捏ねる.5 クォート小型ミキサーの高速で 2 分間ミキシングした後,生地を手で軽く丸め,ボウルに入れ,温度 27℃・湿度 75 %の醗酵室内に約 90 分静置する.ガス抜きし,30 分間発酵してから 2 等分して軽く手で丸め,醗酵室内で 15 分間ねかせる.モルダーで棒状に整形し,一端から巻いてパン型に 2 個並べて型詰めする.温度 37℃・湿度 85 %のほいろに入れ,生地上端がパン型上縁に達するまで膨張させ,205℃のロータリーオーブンで約 35 分間焼く.

表 3.5　食パンの品質評価基準（長尾，2011）

| | 評価項目 | 配点 | |
|---|---|---|---|
| 外観 | 焼　色 | 10 | 平均に黄金褐色に着色しているのがよい．着色むら，筋，および斑点があるのはよくない． |
| | 形・均整 | 5 | 均整がとれた外観がよい．角がとがっているもの，丸みがありすぎるもの，側面がへこんだものはよくない．山形食パンでは，元気よく均整がとれたブレークと細糸状のなめらかなシュレットが一様に出ているのがよい． |
| | 皮　質 | 5 | なめらかで薄く均一なものがよい．厚いもの，硬いもの，革状のもの，火ぶくれしたもの，梨肌状のものはよくない． |
| | 体　積 | 10 | 望ましい大きさに焼き上がっていること．側面がへこむような膨らみ方はよくない．手に持って軽い感じがよい． |
| | （小計） | 30 | |
| 内相 | すだち | 10 | 気泡膜が薄く，均一に広がっているものがよい．気泡膜が密に詰まっているもの，粗過ぎるもの，不均一なもの，大きな穴があるもの，膜が厚いものはよくない． |
| | 色　相 | 10 | 淡いクリーム色で，輝くような艶があるものがよい．黒っぽい色，灰色系統の色，色むらがあるものはよくない． |
| | 触　感 | 15 | スライス面を指先で軽く押してみたとき，ソフトで滑らかであり，弾力があって指のくぼみがすぐ消えるのがよい．ざらつき，乾き，硬さ，軟らかすぎなどはよくない． |
| | 香　り | 10 | 発酵による香りと焼成による香りが感じられるものがよい．イースト臭，アルコール臭，異臭，刺激臭はよくない． |
| | 味 | 25 | 塩味と甘みがほどよく，発酵による旨みやコクがあるバランスがとれた味がよい．無味，味のバランスが悪いもの，苦味などはよくない． |
| | （小計） | 70 | |
| | （合計） | 100 | |

　吸水率，発酵終了時の生地重量を測定し，各段階での生地性状を観察する．型から取り出し，冷えてから，なたね置換法または体積測定装置で体積を測定する．室温で1日置き，表面の焼色と皮質（硬軟，厚さ，肌の状態）を観察し，スライサーで切る．内相の色（白さ，光沢），すだち（気泡の形状，大きさ，均一性，気泡膜の厚さ），触感を，品質評価基準（表3.5）で対照品と比較して評価する．中種法によるやや大量の試験法なども目的に応じて用いる．酸化剤などの添加物を加えて製パン適性を調べることも行われる．

**b.　ゆでめん**

　旧農林水産省 食品総合研究所と製粉協会による試験法が使われる．サンプル数は6点以内がよい．小麦粉500 g（水分13.5％ベース）に塩水160 mL（小麦

## 3.2 品質評価法

表 3.6 ゆでめんの官能評価の採点基準 (長尾, 1998)

| 項　目 | (配点) | 不　良 | | | 普通 | 良 | | |
|---|---|---|---|---|---|---|---|---|
| | | かなり | すこし | わずかに | | わずかに | すこし | かなり |
| 色 | 20 | 8 | 10 | 12 | 14 | 16 | 18 | 20 |
| 外観（はだ荒れ） | 15 | 6 | 7.5 | 9 | 10.5 | 12 | 13.5 | 15 |
| （硬さ） | 10 | 4 | 5 | 6 | 7 | 8 | 9 | 10 |
| 食感（粘弾性） | 25 | 10 | 12.5 | 15 | 17.5 | 20 | 22.5 | 25 |
| （なめらかさ） | 15 | 6 | 7.5 | 9 | 10.5 | 12 | 13.5 | 15 |
| 食味（香り，味） | 15 | 6 | 7.5 | 9 | 10.5 | 12 | 13.5 | 15 |
| 総合（合計点） | 100 | 40 | 50 | 60 | 70 | 80 | 90 | 100 |

粉100に対し食塩2）を加え，回転羽根付き横型試験用ミキサー（容量500 g，回転速度120 rpm）で10分間混ぜ，そぼろ状生地にする．直径180 mm，幅150～210 mmの1対のロールを備えた試験用製めん機で，回転速度を9 rpm，間隔を3 mmに調節したロール間に生地を通し，めん帯にする．2つ折りして重ね，同じ間隔のロール間を通し，同じ操作をもう一度繰り返す．生地をポリエチレン袋に入れ約1時間室温でねかせる．ロール間隔を2.7～2.2，2.3～2.0，2.1～1.7 mmと順次狭めてめん帯を通し，最終厚を2.5 mmにする．10番角の切刃で横断面3.0 mm×2.5 mmのめん線に切り落とし，25 cmの長さにカットする．

4～6区分のステンレス製ゆでかごの各々に生めんを一定量ずつ入れ，熱湯を入れたゆで槽で20～24分間ゆでる．プラスチック製ざるに乗せ，ほぐしながら流水で表面をよく洗う．そのまま5回たたいて水切りし，計量後，竹製ざるに移す．室温に30～120分間置いたものと，ポリエチレン袋に入れて冷蔵庫で24時間保存したものを品質評価する．冷蔵庫保存品は沸騰水で30～60秒間温めて供試する．めんつゆに浸けて食べ，食味，食感を評価し，生めん色，24時間後の生めん色の変化，製めん操作のしやすさ，ゆで溶け率も調べる（表3.6）．ゆで歩留りは次式で求める．

$$\text{ゆで歩留り} = \frac{\text{ゆでめん重量（g）}}{\text{生めん重量（g）}} \times \frac{100 - \text{生めん水分（\%）}}{100 - 13.5} \times 100$$

試験目的とめん市場を熟知した技術者による評価が必須である．海外の多くの研究機関でも，長尾らが紹介した方法をベースにした試験が行われている（Nagao *et al.*, 1976；1996）．

#### c. 中華めん

6点までの小麦粉サンプルを比較する．小麦粉500 gに32％の水（小麦粉100にかん水1と食塩1を溶かしたもの）を加え，試験用ミキサーで10分間攪拌してそぼろ状生地にする．直径180 mm，幅150〜210 mmの1対のロールを備えた試験用製めん機で，間隔を3 mmに調節したロール間に生地を通して，めん帯にする．2枚重ねし，同間隔のロールを通すことを2回繰り返す．生地をポリエチレン袋に入れ約1時間室温でねかせる．めん帯を重ねないでロール間隔を3段階に絞ったものに通し，最終的には約1.4 mm厚にする．20番角の切刃で横断面1.5 mm×1.4 mmのめん線にし，25 cmの長さにカットする．別に25 cmの長さのめん帯をとっておく．

製造2〜3時間以内とポリエチレン袋で24時間冷蔵後の生めん帯の色とホシの有無を観察する．冷蔵した生めん線を4〜6に仕切ったステンレス製ゆでかごに入れ，熱湯を入れたゆで槽で約3分間ゆでる．水切り後，ゆでめんの色，ホシの有無を観察し，スープに浸しながら食味試験を行い，滑らかさ，弾力性，ゆで伸びの程度を評価する．

#### d. スポンジケーキ

卵や砂糖が多いと小麦粉の品質差がわかりにくいので，3等割（小麦粉100 gに精製上白糖100 g，殻なし全卵100 g，水40 g）による試験法（Nagao *et al.*, 1976）が適する．8点まで比較でき，8点の場合，9点分の卵・砂糖バッターをつくる．卵900 gを20クォートの竪型ミキサーのボウルに入れ，付属ホイッパーを用いて手で均一になるまで混ぜる．砂糖900 gを加え，30℃に調節し，高速で8〜9分間ホイップする．水180 mL（全体の半分）を加え，高速で2分間，残りの水を加えて高速で2分間，中速で1分間ホイップする．バッター比重を0.25±0.01に調製する．バッター240 gをボウル（内径24 cm，深さ0.5 cm程度のもの）に入れ，ふるった小麦粉100 gを加えて，木製しゃもじを用い手で60回混ぜ，容器付着分をゴム製へらで落として，25回混ぜる．内径15 cm，深さ6 cm程度の焼型の内側に硫酸紙を敷き，バッター全量を入れて，プラスチックへらで表面を平らにした後，180℃のオーブンで30分間焼成する．ホイッピング後のバッター比重を測定し，バッター性状やオーブン中での膨らみを観察する．ケーキを型から取り出し，冷えてから，重量とナタネなどの種子置換法で体積を

気泡膜が均一で，きめが細かい．　　　　　　　　　　　　　気泡膜が不均一で，粗い．
しっとりとしていて，ソフトな感触．　⟷　　　ぱさつき，ソフトさに欠ける感触．
（好ましい）　　　　　　　　　　　　　　　　　　　　　　（あまり好ましくない）

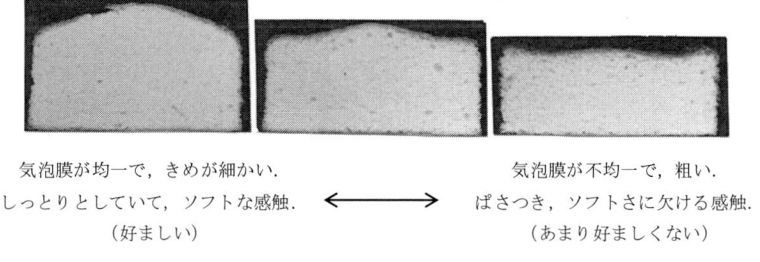

**図3.15** スポンジケーキの品質評価（Nagao et al., 1976）

測定し，中央および両端の高さも測定する．外観（形，皮質，色）を観察してから，中央を縦に切り，内相の色，気泡膜の状態（均一性，大きさ，厚さ），すだち（しっとりさ，ソフトさ），香りなどを評価する（図3.15）．

**e. クッキー**

AACCI法10-50.05に準じた方法を用いる．小麦粉225 g，ショートニング64 g，砂糖130 g，塩2.1 g，重炭酸ナトリウム2.5 g，デキストロース溶液（水150 mLに8.9 gのデキストロースを溶かしたもの）33 g，水16 mLを用意する．ホバートC-100（3クォートのボウルと平らなビーターを使用）またはこれと同様なミキサーを用い，1回の試験に必要な量のショートニング，砂糖，塩，炭酸水素ナトリウム（重曹）を低速で3分間ミキシングしてクリーム状にする．これの198.6 gにデキストロース溶液33 gと水16 mLを加え，低速で1分間，中速で1分間ミキシングし，小麦粉を加えて低速で2分間ミキシングする．

生地を6分割し，クッキー試験用シート（アルミニウム製）に間隔を開けて置く．シートの両端に金属製厚さ調整用ゲージを並べ，その上を目の細かいガーゼで覆っためん棒で軽くのし，生地の厚さを一定にする．クッキー型のカッターで余分な生地を切り落とし，シートごと6個の生地の重量を測定して平均生地重量を計算後，ただちに205℃のオーブンで10分間焼く．幅広のへらでクッキーをはがし，吸湿性の紙の上に置く．室温で30分間放冷後，6個のクッキーの縦，横をmmの単位で測定し，平均幅（W）を求める．6枚のクッキーの順番を変えて2回重ねて厚さをmmの単位で測り，平均の厚さ（T）を求め，スプレッド・ファクター（W/T）を計算する．厚さが適当で広がりが大きいものが良いクッキーで，W/TよりもWの方が重要である．表面のひび割れの状態も観察し，ある程度大

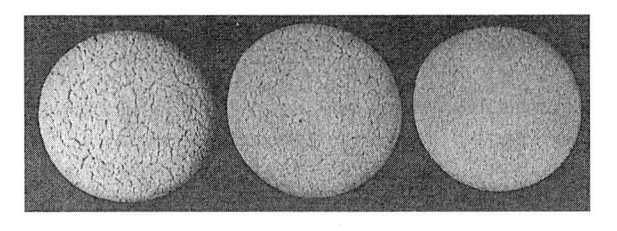

ひび割れが多く，ソフト．　　　　　　　ひび割れが少なく，硬い．
　　（好ましい）　　　　　　　　　　　（あまり好ましくない）

**図 3.16**　クッキーの品質評価（Nagao *et al.*, 1976）

きめのひび割れが多くある方が食べ口がソフトなクッキーである（図 3.16）．

## ❖ 3.3　生地の性状と機能 ❖

### 3.3.1　ミキシング中の変化
#### a.　タンパク質の変化

　ミキシングの目的は，①原材料の混合と水和，②空気の抱き込みと分散，③グルテン網目構造形成，である．捏ねるとグルテンが薄い膜になり，デンプンや気泡を包みながら網目で細い繊維状になる．ミキサー速度を上げるとせん断ひずみ率が高くなって S-S 結合が切れ，凝集体の溶解性が増してドデシル硫酸ナトリウム（SDS）可溶性タンパク質が増えるが，生地をねかすと SDS 不溶性タンパク質が増える．最適ミキシングでは HMW-GS／LMW-GS 比の変化が小さいが，過多では変化が大きい．ミキシングが不足と最適の生地ではねかし後の不溶性グルテニンタンパク質の回復は完全だが，過多では回復が遅れる．最適ミキシングまでは物理的凝集がグルテン網目構造の回復を支配する（Don *et al.*, 2005a）．

　ミキシング時間はグルテニン量とは正の，グリアジン量とは負の相関があり，HMW-GS と LMW-GS 量も関係する（Uthayakumaran *et al.*, 2001）．HMW-GS 1Dx5＋1Dy10 を持つ品種は HMW-GS 1Dx2＋1Dy12 を持つ品種より生地形成時間が長い（Don *et al.*, 2005b）．HMW-GS 1Dx5 は常に 1Dy10 と発現し，前者が多過ぎると強過ぎる生地になる（Butow *et al.*, 2003）．ミキシング時間にはグルテニン粒子の大きさが重要で，大きなグルテニン粒子はタンパク質粒の凝集

による．力が弱い生地の小麦のグルテニンは SDS に徐々に溶けるが，力が強い生地の小麦のそれは安定である．

**b. 網目構造形成と酸化剤の作用**

小麦タンパク質 1 g 中に SH 基は 7.9〜9.9 $\mu$ eq, S-S 基は 90〜124 $\mu$ eq 存在する．酸素に触れることで SH 基は減少するが，その約半分は酸化されない．ミキシングで残存 SH 基が S-S 基に接触すると，S-S 基の一方の S と新たに S-S 基を形成し，残った S が SH 基になる．生地の高せん断によってグルテン構造は一時的に崩壊するが，低せん断では回復し，ミキシングの間に両者の繰り返しが起こる（Peighambardoust *et al.*, 2006）．ミキシングでタンパク質溶解性は増し，SH ブロック試薬の *N*-エチルマレイミド（NEMI）は SH 基と反応して生地形成時間を短くする．トランスグルタミナーゼはリジンとグルタミン残基間の反応を触媒し，Gln-Lys イソペプチド結合を形成して生地の伸張抵抗を高め，伸展性を低下させる（Rodriquez-Matteos *et al.*, 2006）．アラビノキシランはフェルラ酸によってグルテン構造に橋かけ結合し，大きな構造に凝集させる（Wang *et al.*, 2004）．高分子量アラビノキシランとの相互作用は，凝集性とグルテニン凝集体の大きさ分布の両方を変える（PrimoMartin *et al.*, 2005）．

酸化剤は SH 基を酸化して S-S 結合にし，グルテン網目構造形成を促進する．日本で一般的な生地改良剤は L-アスコルビン酸（ビタミン C）で，それ自身は

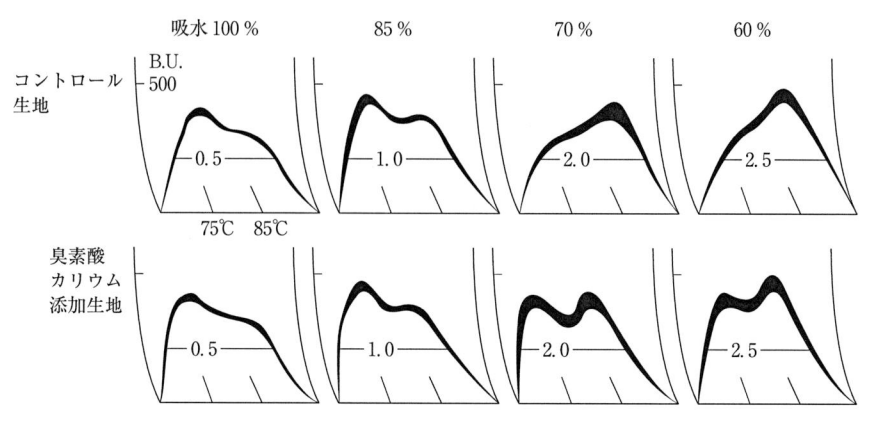

**図 3.17** 加水量を変えた臭素酸カリウム添加および対照生地のドウコーダー曲線（長尾, 1984）カーブの下の数値は機器のレバー位置．

還元剤だが，小麦粉中のL-アスコルビン酸オキシダーゼによってデヒドロL-アスコルビン酸になり，これが酸化剤として働く．L-アスコルビン酸は速効性の生地改良剤で成形時までに作用してしまうので，作用を遅らすための技術的工夫が必要である．一方，臭素酸カリウムは遅効性の酸化剤で，オーブンで作用する．

図3.17は，臭素酸カリウムを添加もしくは無添加の生地をブラベンダー社製ドウコーダーで形成し，温度を100℃まで上げてパン焼成初期に近い状態を再現した結果である（Tanaka et al., 1980）．生地硬度変化を示すドウコーダー曲線は常に75℃と85℃で盛り上がる．製パンでの臭素酸カリウム添加量は10〜20 ppmだが，1200 ppmで吸水70％にて生地形成すると75℃と85℃に明瞭なピークが現れる．他の酸化剤で同様の試験を行うと，ヨウ素酸カリウム添加では85℃に，L-アスコルビン酸では75℃に大きなピークができる．酸化剤とSHブロック試薬NEMIの共存下ではすべて同じで，85℃に明瞭なピーク，75℃が少し盛り上がるので，75℃のピークはSH基が酸化されてS-S結合になるために生ずるものと思われる．偏光屈折率と$\alpha$化度から，85℃のピークはデンプン糊化によるものと推察される．他の酸化剤と異なり，臭素酸カリウムはグルテニンの構造変化を部分保護する（Nagao et al., 1981a）．酸化剤添加生地のドウコーダー曲線と製パン性の相関は高い（Nagao et al., 1981b）．

### 3.3.2 発酵中の生地レオロジー
#### a. 気泡の役割と生地のひずみ硬化

生地中の気泡は，①ミキシング中に分散，②発酵中に膨張，③発酵が長くなると合体，④成形で小さくなり，激しすぎると粗くなる．発生した二酸化炭素は気泡に拡散し，内側から生地を押し広げる．気泡が少ない生地は不安定で，粗い内相のパンになる．気泡合体過程では，デンプン粒に囲まれたタンパク質シートが気泡の周りを急速に動く．発酵過多では不安定になって，気泡が連鎖崩壊する（Weegels, 2003）．発酵最終段階の気泡構造とパン内相は相関があり，水不溶性タンパク質が重要な役割を果たす．気泡保持力はおもに生地レオロジー特性で決まり，気泡壁がデンプン粒の直径より薄くなる発酵の終わりにだけ，気泡表面の力が重要になる（Kloek et al., 2001）．

気泡膜の最も薄い部分が約30 $\mu$mの場合には気泡ができにくい（Dobraszczyk

*et al.*, 2003). 生地変形で受けるストレスが「ひずみ硬化」で，それによって気泡膜の薄い部分は強化される．ストレスで気泡成長に差が出ると，粗い内相になりやすい．気泡膜が 50 $\mu$m より厚いと気泡の早過ぎる崩壊が防げるが，それより薄いとひずみ硬化は効果がない．ストレート生地法では 50℃ までは温度上昇に伴ってパン体積とひずみ硬化の相関が高くなるが，それ以上の温度では相関が低下する．ひずみ硬化にはグリアジンとグルテニンの比が重要で，抽出不能重合体タンパク質の量も関係する (Uthayakumaran *et al.*, 2002). HMW-GS 1Dx5 + 1Dy10 または 1Bx17 + 1By18 が存在すると重合体タンパク質の量が多くなる．重合体タンパク質が少ないと生地ストレスが速く増し，変形率が高くなり，発酵と焼成中の大きな変形に耐えられず気泡の合体が多く起こり，パン体積が低下する (Don *et al.*, 2005a).

　生地のグルテン巨大重合体含量は生地の最大抵抗および伸張度と相関がある (Sliwinski *et al.*, 2004). 小麦粉のグルテン巨大重合体含量はパン体積と相関が高いが，生地中のグルテン巨大重合体含量はパン体積との相関が低い．最適な状態にミキシングした生地ではグルテン巨大重合体含量が小麦粉中の量まで増えるが，グルテン巨大重合体の状態と数は気泡安定性との相関が低い．小麦粉中のグルテン巨大重合体含量は泡安定性とパン体積にとって重要である (Weegels *et al.*, 1996).

### b. タンパク質の表面レオロジー特性

　脱脂小麦粉生地に極性脂質を添加すると少量ではパン体積が小さくなるが，添加量を増すと逆に体積が大きくなり，タンパク質で安定化した泡が脂質で安定化した泡に変化する (Paternotte *et al.*, 1994). 生地内部は粘度が高いので，成分間の吸着が阻止されると考えられる．しかし生地中のガスはミキシング中に数回置き換えられ，発酵と焼成中に表面部分での増加が非常に大きいので，内部の成分は表面の成分と非常に近くなって，生地の粘度が高いにもかかわらず気液界面に吸収される可能性がある (Ornebro *et al.*, 2000). 小麦タンパク質をジチオトレイトール 1% 溶液上に広げると小繊維が形成されるが，グルテニンの S-S 結合の減少で小繊維は崩壊するので，グルテニン重合体が小繊維形成に必要であると考えられる．小繊維形成には疎水性相互作用が必要である．

　グルテンは発酵と焼成でデンプン粒の近くか表面にベールをつくり，気泡は表

面活性物質からなる液体薄層で安定化する．気泡膜にはグリアジンと極性脂質がある．気泡表面のタンパク質と脂質含量はミキシング中に増加する（Velzen et al., 2003）．グルテンの粘弾性は水素結合破壊剤のサリチル酸があると失われるので，水素結合が粘弾性に関係していると思われる．グリアジンには表面活性があり，小麦タンパク質泡表面に吸着されるのはおもにグリアジンである．グルテンの泡特性はグリアジンのそれと近いが，グルテニン泡がかなり安定なので，グリアジンとグルテニンの両方が泡特性に重要である（Keller et al., 1997）．グリアジン中では $\alpha$-グリアジンが空気と水の界面に最も良く吸着し，$\beta$-および $\gamma$-グリアジンがこれに次ぎ，$\omega$-グリアジンが最も吸着しにくい．$\beta$-および $\gamma$-グリアジン分子は水表面に対して平行から垂直方向に変化する．脂質は小麦タンパク質を表面から追い出そうとするので，小麦タンパク質は脂質層に入り込めない．

### 3.3.3 焼成中の生地変化
#### a. 加熱による生地変化

加熱で生地は泡構造から海綿状構造に変化し，膨張する（Babin et al., 2006）．水の一部は蒸発するが，大部分は熱とともに生地内部へ移動し，デンプンが糊化し，タンパク質が変性する．蒸気凝縮で水分が少し増え，生地温度が上がる．デンプンは温度が糊化開始ラインを超えるとゴム状態から融解状態に変化する．生地温度が露点以下では表面で水分増加が大きく水蒸気凝縮が起こるが，温度が上がると水は蒸発する．炭水化物とタンパク質のメイラード反応で外皮が褐色になり，表面は乾き，融解状態からガラス質状態に変化する．生地温度が50～55℃までは損失弾性率（粘っこさを意味する）が低下するが，貯蔵弾性率（硬さを意味する）は低下するか一定で，これはグルテンの水素結合が弱まることによる（Hermansson, 1983）．55℃以上では損失弾性率が上昇してグルテンの粘性部分が増加するが，残ったデンプンの糊化も関与する．グルテン貯蔵弾性率はパン体積と逆相関がある（LeGrys et al., 1981）．グリアジンは70℃以上になると貯蔵弾性率と損失弾性率が上昇するが，100℃以上だと損失弾性率は上昇しない（Kokini et al., 1995）．

ゆでめんから単離したグルテンの粘弾性は，単量体タンパク質含量と負の相関，不溶性グルテニンと正の相関があり，めんの食感がタンパク質組成と関係す

る (Kovacs et al., 2004). グルテンタンパク質は加熱によって明らかな熱転移を示さず, 単離グルテンの熱転移エンタルピーは他のタンパク質の1/100程度である (Tsiami et al., 1997).

### b. 加熱によるタンパク質変化

小麦粉を130℃に加熱すると, タンパク質1gあたり遊離SH基が16.8から14 $\mu$mol に, 反応SH基が11.7から9.8 $\mu$mol に減る. 加熱処理粉生地は最適ミキシング時間が長く, 生地崩壊が遅い. グルテンの20％懸濁液を70℃以上に加熱すると, SH基はタンパク質1gあたり7〜8から5 $\mu$mol に減り, SH基減少に伴いグリアジン抽出性が低下し, グリアジンがグルテニンや他のタンパク質と橋かけ結合を形成する (Lagrain et al., 2005). 水分活性0.83以上でグルテンを加熱すると, 全SH含量は低下する (Weegels et al., 1994).

グルテンを加熱するとS-SとSHの交換反応が起こり, 多くのS-S結合が形成される. GSはS-S結合で共有結合し, 大きなグルテニン重合体を形成する. グルテニンのSH基はグリアジンのそれより加熱の影響を受けやすく, 加熱したグルテニンはドデシル硫酸ナトリウム (SDS) で抽出可能な非常に高分子のタンパク質に組み込まれるか, SDS抽出不能タンパク質画分の一部になる. タンパク質が加熱で広がり, S-SとSHの交換が可能になって, タンパク質は変性状態で固定される (Schofield et al., 1984). グルテニンはグリアジンより加熱で誘導されるS-S結合を形成する傾向がある.

S-S結合形成でタンパク質が重合すると, 抽出性が低下する. 非共有凝集も抽出性低下に関係する. 加熱中にジチロシンまたはアラビノキシランタンパク質の橋かけ結合も形成される. グルテンは尿素, SDS, 塩化グアニジン, 酢酸の溶液で一部抽出可能だが, 加熱時間, 水分含量, 温度が増すと溶解性が低下する (Hayta et al., 2004). 抽出性低下はパン体積低下と高い相関がある. SDSが加熱中のタンパク質の凝集を阻止する.

小麦粉およびグルテンを加熱すると, グルテニン抽出性が低下する. 水分活性0.95以上のグルテンを60℃で5分間加熱するとSDS中の抽出性変化が起こるが, 75℃で5分間加熱後にのみプロパン-1-オール中の抽出性が認められた. 90℃でグルテニンは4.5M尿素とSDSにほぼ完全に抽出不能になる (Schofield et al., 1983). グルテンを70℃で30分間以上加熱すると, 60〜65％ (v/v) エタノール

溶液中の溶解性は 7〜15 % 低下する．小麦粉を 70℃ 以下で加熱すると 70 % エタノール中のタンパク質抽出性は増すが，77℃ に加熱しても抽出性は少し変化するだけかほとんど変化しない．小麦粉タンパク質の抽出性を 30〜44 % 低下させるには，70〜96℃ で 8〜10 時間が必要である．焼成時間が長いと 80 % エタノール中のタンパク質抽出性が低下する（Westerlund *et al.*, 1989）．

グルテンを 100℃ に加熱，パン生地を焼成，パスタ製品を 90℃ で乾燥，小麦粉懸濁液を 130℃ で加熱すると，$\alpha$-, $\beta$-, $\gamma$-グリアジン抽出性が低下するが，$\omega$-グリアジン抽出性は低下しない（Lagrain *et al.*, 2005）．抽出性の差は $\omega$-グリアジンに SH 基がないか少ないことによる．$\alpha$-, $\beta$-, $\gamma$-グリアジンでは SH 基が分子間 S-S 架橋をつくるので，抽出されにくい（Schofield *et al.*, 1983）．

HMW-GS はグリアジン，アルブミン，グロブリンに比べ，ジチオスレイトールで変性したグルテンから容易に抽出される．これは，グリアジン，アルブミン，グロブリンがグルテニンより S-S 結合によってより高度に橋かけ結合するからである（Weegels *et al.*, 1994）．グリアジン加熱による抽出性低下はグリアジンが絡み合った重合体の間に閉じ込められるためである．橋かけ結合反応が分子の大きさを増すにつれて，加熱タンパク質の大きさ分布に変化が起こる．グルテンを 70〜80℃ に加熱すると，橋かけ結合の平均数は 3〜4 倍に増加する（Bale *et al.*, 1970）．からみ合い間の平均分子量は加熱によって低下し，SDS 抽出不能タンパク質の増加と強い相関がある（Redl *et al.*, 2003）．

$\alpha$-グリアジンまたは LMW-GS を 80℃ に加熱すると，$\alpha$-ヘリックスと $\beta$-シート量はともに約 12 % から 8 % に低下する（Lefebvre *et al.*, 2000）が，室温に冷却すると低下は可逆的になる（Kasarda *et al.*, 1968）．80℃ で 30 分間加熱したグルテンから SDS で抽出し，他のタンパク質から分離した GS では，二次構造に大きな変化がみられた（Schofield *et al.*, 1984）．水分 20 % 以上でグルテンを加熱すると，$\alpha$-ヘリックス構造の割合が低下し，ランダム構造の割合が増加した．SDS 中に溶解した HMW-GS 1Dx5 を加熱すると，$\alpha$-ヘリックス構造が少しずつ失われ，残りの構造が増加した（Van Dijk *et al.*, 1998）．

加熱するとグルテンの分子間水素結合が壊れ，分子内水素結合が形成される．一般に，タンパク質の表面疎水性は加熱によって上昇する（Deshpande *et al.*, 1989）が，上昇した疎水性によって凝集が進むと表面疎水性が低下する（O'Neil *et al.*, 1988). 加熱による疎水性上昇は分子の外側への疎水性基の露出によって起こる．疎水性および親水性結合を壊すことができる SDS，尿素，塩化グアニジンなどの塩は加熱によって形成されたゲルの硬度を低下させる（Anno, 1981). パスタのゆで特性は，加熱後の SH／SS 含量と疎水性結合の形成によって決まる（Feillet *et al*., 1989).

## 3.4 胚芽とふすま

### 3.4.1 胚 芽

#### a. 胚芽の栄養価

胚芽は発芽時に幼根や子葉になる生命の中心で，動物の卵に匹敵する栄養の宝庫である．表 3.2（p. 99）のように小麦胚芽の成分の約 3 分の 1 はタンパク質で，脂質を 11 % 強，食物繊維，特に不溶性の食物繊維を約 14 % 含む．必須アミノ酸のリジンやロイシンが多い（p. 47 表 1.15 参照）．

表 1.25（p. 78）のように小麦胚芽中の脂肪酸の約半分は不飽和脂肪酸のリノール酸で，細胞膜成分として重要なほか，血中コレステロール低下作用があり，体内でホルモンに変わって広範な生理作用に関与する．表 3.7 に小麦胚芽油と他の

表 3.7 小麦胚芽油と他の植物油の平均的な脂肪酸組成（長尾, 1984)

|  | 不飽和脂肪酸 (%) | | | その他の脂肪酸 |
|---|---|---|---|---|
|  | オレイン酸 | リノール酸 | リノレン酸 | |
| 小麦胚芽油 | 19 | 54.5 | 7 | 19.5 |
| 米ぬか油 | 45 | 35.5 | 0.5 | 19 |
| 大豆油 | 27.2 | 50.2 | 6.3 | 16.3 |
| トウモロコシ油 | 34 | 49 | 1.5 | 15.5 |

表 3.8 小麦製品のビタミン E 含量（1 g あたり）(Piironen *et al*., 1986；Holasova, 1997)

|  | $\alpha$-トコフェロール | $\alpha$-トコトリエノール | $\beta$-トコフェロール | $\beta$-トコトリエノール | 全トコール |
|---|---|---|---|---|---|
|  | (mg) | | | | ($\mu$g) |
| 小麦全粒粉 | 9.8〜10 | 4〜4.5 | 5.1〜5.4 | 21〜24 | 40〜44 |
| 小麦胚芽 | 104〜221 | 1.6〜3 | 67〜86 | 8.2〜10 | 181〜320 |
| 小麦ふすま | 13〜16 | 11〜15 | 6.6〜8 | 44〜56 | 76〜95 |
| 小麦粉（灰分 0.5 %) | 2〜3.8 | 1.0〜1.2 | 1.0〜2.2 | 11〜14 | 17〜20 |

植物油の脂肪酸組成を比較した．表3.8（およびp.71表1.21）のようにビタミンEが多いことも特徴で，なかでも生理活性が強いα-トコフェロールを多く含む．ビタミンB群，特に一般の食品に少ない$B_1$と$B_6$が多い．

リノール酸は酸化されやすく，過酸化脂質になって細胞膜を劣化させ，血球膜を壊れやすくするほか，タンパク質と結合すると老化現象を起こす．小麦胚芽中にリノール酸と共存するビタミンEには抗酸化作用があり，リノール酸が過酸化脂質になるのを防ぐ働きがある．両者の摂取量の比率としては，リノール酸などの不飽和脂肪酸1 gに対してビタミンE（α-トコフェロールとして）1 mgくらいが目安で，日本人は1日に15～30 mgのビタミンEを摂取すればよいとされている．抗酸化作用だけでなく，ビタミンEは血流を良くし，貧血を防ぐ働きや，副作用を伴うことなくホルモンの分泌を促進し，体内の機能を調整する働きがあり，酸素消費を有効にコントロールし，筋肉の持久力を増すといわれている．胚芽にはリン，カリウム，マグネシウムなどのミネラルも多い（p.73表1.22参照）．

### b. 胚芽の利用

小麦全粒粉を食べれば胚芽の栄養素をそのまま利用できる．一方，製粉工程で胚芽を採り分けることによって，胚芽そのものを健康食品として活用できる．粉砕方法とピュリファイヤーの組合せによって，ふすま片や粉の混入がない高純度の胚芽をフレーク状で効率よく採取できる．

胚芽は生のままでは変質が速い．製粉直後の高純度の新鮮な生胚芽を加熱処理し，フレーク状か粉末にして，気密容器に真空包装するか窒素充填したものが「小麦胚芽」として市販されている．香ばしい風味と軽い食味感があり，そのまま食べてもよいが，卵焼き，オートミール，味噌汁などの料理に加えてもおもしろい．パン，ビスケット，クッキーなどに加えた「胚芽入り」製品はその栄養価から健康志向の消費者に好まれている．

抽出法によって生胚芽から胚芽油を生産できるが，その量は胚芽の採取率を考慮すると原料小麦1 tから100 g程度である．小麦胚芽油はドレッシングなどの料理用のほか，ゼラチンカプセルで包んで健康食品として市販され，医薬品の原料としても使われる．

胚芽から油を抽出した残渣が「脱脂胚芽」で，必須アミノ酸，ビタミンB群，

およびミネラルを豊富に含む．脱脂によって保存性が改良されるので，焙焼したものがフレーク状や粉末で市販されている．料理に混ぜ合わせると香ばしい風味がでる．きな粉のように使うこともできるし，パン，クッキー，天ぷらの衣に入れる食べ方も工夫されている．微生物の培地として使われるほか，純度がやや低いものは幼動物の飼料にもなる．

### 3.4.2 ふすま

#### a. ふすまの栄養価

小麦から小麦粉と胚芽を採取した残りが「ふすま」である．外皮が主体だが，アリューロン層，胚芽，および胚乳もわずかだが混在している．製粉工程のブレーキ系統からは粒度が粗い大ぶすまが，リダクション系統からは比較的細かい小ぶすまが得られ，通常，これらを混合した「混合ぶすま」が市販されている．

小麦ふすまの成分の60％強が炭水化物で，食物繊維を約9％含む．タンパク質は12～18％，脂質は3～5％，灰分は4～6％である．表3.9のように，リジン，アルギニン，アラニン，アスパラギン酸，グリシンなどのアミノ酸を多く含む．表3.10のように，ミネラル，特に，マンガン，リン，カリウム，マグネシウム，カルシウムを多く含み，また，ビタミン$B_6$（1.38 mg/100 g），葉酸（258 $\mu$g/100 g），ナイアシン（21.0 mg/100 g），チアミン（0.72 mg/100 g）も多く含む（Lockhart *et al.*, 1978）．

#### b. ふすまの利用

ふすまは飼料用として幅広く使われる．その形状と味覚が牛の食欲を増進し，

表3.9 ふすまのアミノ酸組成

| アミノ酸 | (%) | アミノ酸 | (%) |
|---|---|---|---|
| アラニン | 0.7～0.8 | リジン | 0.5～0.7 |
| アルギニン | 0.8～1.2 | メチオニン | 0.2～0.3 |
| アスパラギン酸 | 1.0～1.2 | フェニルアラニン | 0.5～0.7 |
| シスチン | 0.3～0.5 | プロリン | 0.7～1.0 |
| グルタミン酸 | 2.1～3.2 | セリン | 0.5～0.9 |
| グリシン | 0.8～1.0 | スレオニン | 0.3～0.6 |
| ヒスチジン | 0.3～0.5 | トリプトファン | 0.2～0.3 |
| イソロイシン | 0.3～0.7 | チロシン | 0.2～0.5 |
| ロイシン | 0.8～1.0 | バリン | 0.5～0.8 |

表 3.10 ふすまのおもなミネラル含量

| ミネラル | (%) |
|---|---|
| カリウム | 0.6〜1.3 |
| リン | 0.9〜1.6 |
| マグネシウム | 0.03〜0.7 |
| カルシウム | 0.04〜0.13 |
| 鉄 | 0.005〜0.02 |
| マンガン | 0.009〜0.05 |
| 亜鉛 | 0.005〜0.05 |
| 硫黄 | 0.10〜0.24 |

便通をよくするので，乳牛用飼料として欠かせない．肉牛，種牛，子牛の飼料にも使われる．タンパク質と糖質の比率が乳牛に適し，豚や鶏用にも使われる．配合飼料用原料としてはその栄養成分だけでなく，見かけ比重が小さい，ペレットにしやすい，液体原料を吸着しやすいなどの物理性状が活用される．養鶏用としては繊維含量，アミノ酸組成，ビタミン含量もふすまを利用する理由である．

近年成人病予防の観点から食物繊維を積極的に摂取することが勧められているが，小麦ふすまは各種の食物繊維源のなかで最も濃縮度が高く，人体に合うことが認められつつある．ただし，通常の製粉工程で採取されたふすまをそのまま食品加工には使いにくいので，特別に精製，処理した食用のふすまが一部の製粉会社から市販されている．

欧米では，小麦粉にふすまを配合して焼いたパンやビスケットの消費が増えている．ただし，繊維を多く含むふすまを混入しただけでは，製品の食味を損ない，加工しにくいので，おいしく食べられるように製粉と二次加工段階で技術面での工夫がされている．

## 文 献

Anker, C. A. et al. (1942). *Cereal Chem.*, **19**, 128.
Anno, T. (1981). *J. Jpn. Soc. Food Nutr.*, **34**, 127-132.
Babin, P. et al. (2006). *J. Cereal Sci.*, **43**, 393-397.
Bale, R. et al. (1970). *J. Food Technol.*, **5**, 295-300.
Butow, B. J. et al. (2003). *J. Cereal Sci.*, **38**, 181-187.
Deshpande, S. S. et al. (1989). *Biochim. Biophys. Acta*, **998**, 179-188.
Dobraszczyk, B. J. et al. (2003). *Cereal Chem.*, **80**, 218-224.
Don, C. et al. (2005a). *J. Cereal Sci.*, **41**, 69-83.

Don, C. et al. (2005b). *J. Cereal Sci.*, **42**, 69-80.
遠藤　繁 (1984). 小麦の科学 (長尾精一編), p.88, 朝倉書店.
Feillet, P. et al. (1989). *Cereal Chem.*, **66**, 26-30.
橋本一郎 (1982). 製粉工場におけるサニテイションについて, pp.7-18, 製粉振興会.
Hayta, M. et al. (2004). *J. Cereal Sci.*, **40**, 245-256.
Hermansson, A.-M. (1983). *Research in Food Science and Nutrition, Vol.2* (McLoughin, J.V. and McKenna, B.M. eds.), pp.107-108, Boole Press.
Holasova, M. (1997). *Potravin. Vedy*, **15**, 343-350.
Kasarda, D.D. et al. (1968). *Biochemistry*, **7**, 3950-3957.
Keller, R.-C.A. et al. (1997). *J. Cereal Sci.*, **25**, 175-183.
Kloek, W. et al. (2001). *J. Colloid Interface Sci.*, **237**, 158-166.
Kokini, J.L. et al. (1995). *Food Technol.*, **49**(10), 121-126.
Kovacs, M.-I.P. et al. (2004). *J. Cereal Sci.*, **39**, 9-19.
Lagrain, B. et al. (2005). *J. Cereal Sci.*, **42**, 327-333.
Lefebvre, J. et al. (2000). *Cereal Chem.*, **77**, 193-201.
LeGrys, G.A. et al. (1981). *Cereals : A Renewable Resource* (Pomeranz, Y. and Munck, L. eds.), pp.243-264, Am. Assoc. Cereal Chem.
Lockhart, H.B. et al. (1978). *Cereal '78 : Better Nutrition for the World's Millions*, pp.201-221, Am. Assoc. Cereal Chem.
Nagao, S. (1996). *Pasta and Noodle Technology* (Kruger, J.E, Matsuo, P.B. and Dick, J.W. eds.), pp.169-194, Am. Assoc. Cereal Chem.
Nagao, S. et al. (1976). *Cereal Chem.*, **53**, 988-997.
Nagao, S. et al. (1981a). *J. Sci. Food Agric.*, **32**, 235-242.
Nagao, S. et al. (1981b). *Cereal Chem.*, **58**, 388-391.
長尾精一ほか (1982). 日食工誌, **29**(3), 185-193.
長尾精一 (1984). 小麦とその加工, pp.123, 166, 181, 190, 192, 194, 199, 268, 建帛社.
長尾精一 (1998). 世界の小麦の生産と品質, 上巻, 小麦の魅力, pp.135, 246, 輸入食糧協議会.
長尾精一 (2011). 小麦粉利用ハンドブック, p.200, 幸書房.
沖崎光市 (1969). 食糧管理月報, **21**(5), 27-32.
O'Neil, T. et al. (1988). *J. Food Sci.*, **53**, 906-909.
Ornebro, J. et al. (2000). *J. Cereal Sci.*, **31**, 195-221.
Paternotte, T.A. et al. (1994). *J. Cereal Sci.*, **19**, 123-129.
Peighambardoust, S.H. et al. (2006). *J. Cereal Sci.*, **44**, 12-20.
Piironen, V., et al. (1986). *Cereal Chem.*, **63**, 78-81.
PrimoMartin, C. et al. (2005). *J. Sci. Food Agric.*, **85**, 1186-1196.
Redl, A. et al. (2003). *J. Cereal Sci.*, **38**, 105-114.
Rodriquez-Matteos, A. et al. (2006). *J. Agric. Food Chem.*, **54**, 2761-2766.
Schofield, J.D. et al. (1983). *J. Cereal Sci.*, **1**, 241-253.
Schofield, J.D. et al. (1984). *Proc. 2nd Int. Workshop on Gluten Proteins* (Graveland, A. and Moonen, J.H.E. eds.), pp.81-90, PUDOC.
Simmonds, D.H. (1979). 小麦の化学と技術セミナー要旨集, p.39, 製粉協会.
Sliwinski, E.L. et al. (2004). *J. Cereal Sci.*, **39**, 247-264.
Tanaka, K. et al. (1980). *Cereal Chem.*, **57**, 169-174.
Tsiami, A.A. et al. (1997). *J. Cereal Sci.*, **26**, 15-27.
Uthayakumaran, S. et al. (2001). *Cereal Chem.*, **78**, 138-141.

Uthayakumaran, S. *et al.* (2002). *Cereal Chem.*, **77**, 744-749.
Van Dijk, A. A. *et al.* (1998). *J. Cereal Sci.*, **28**, 115-126.
Velzen, E.-J. *et al.* (2003). *Cereal Chem.*, **80**, 378-382.
Wang, M. *et al.* (2004). *J. Cereal Sci.*, **39**, 341-349.
Weegels, P. L. *et al.* (1994). *J. Cereal Sci.*, **19**, 39-47.
Weegels, P. L. *et al.* (1996). *J. Cereal Sci.*, **23**, 103-111.
Weegels, P. L. *et al.* (2003). *Cereal Chem.*, **80**, 424-426.
Westerlund, E. *et al.* (1989). *J. Cereal Sci.*, **10**, 139-147.

# 4 小麦粉の加工（小麦の二次加工）

　2013（平成25）年の小麦粉の用途別使用量は，めんが約132万 t（うち，生めんが約43 %，乾めんが16 %，即席めんが約29 %，パスタが約12 %），パンが約123万 t（うち，食パンが約49 %，菓子パンが約31 %，その他のパンが約20 %）である．菓子にも加工され，工業用，飼料用にも使われる．プレミックスに加工されたものはパンや菓子に再加工され，調理にも使われる．

## 4.1 パ　ン

　小麦粉，イースト，水を主原料にし，捏ね，発酵，焼成したものが一般的なパンであるが，酒種，ホップ種，サワー種や膨張剤で膨らませるもの，蒸しパン，揚げパン，平焼きパン，他穀粉のパン，菓子に近いパンもある（表4.1）．

### 4.1.1 種類と特徴

#### a. 食パンとロールパン

　食パンは生地を箱型に入れ，角形はふたをし，山形はふたをしないで焼く．食感，フレーバー，スライスの厚さ，包装サイズなどが異なる多様な製品がある．コッペパンの配合は食パンに近い．小麦全粒粉パン，米粉入りパン，コーン，ベジタブル，フルーツ，ナッツおよびライブレッド，ライ麦粉と小麦粉を混ぜたミッシュブロートもある．ライ麦粉にサワードウ（酸性生地）を加えると少し膨らみ，小麦粉を混ぜるとある程度膨張する．

　バターロールは表皮が薄く，滑らかでつやがある黄金褐色で，バター風味のソフトな食感である．ハンバーガーバンズはハンバーガーの引き立て役で，グルテンを切るようにミキシングし，さくい食感に仕上げる．

表 4.1 日本のパンの実用的分類例（長尾, 2011）

| 食パン | ホワイトブレッド（白食パン） | 角食パン, 山形食パン, コッペパン |
|---|---|---|
| | バラエティブレッド | 小麦全粒粉パン, スペシャルティブレッド |
| ロールパン | | ソフトロール（バターロールなど）, ホットドッグロール, ハンバーガーバンズなど |
| 硬焼きパン | ハード（ハース）ブレッドおよびハードロール | フランスパン（バゲット, パリジャン, バタール, ブールなど）, ドイツパン（ブレーチヒェンなど）, イタリアパン（グリッシーニ, ロゼッタ, ピザクラストなど） |
| | バラエティハードブレッドおよびバラエティハードロール | ライブレッドなど |
| 菓子パン | 日本風菓子パン | あんパン, クリームパン, ジャムパン, メロンパン |
| | 欧州風菓子パン | デニッシュペストリー, クロワッサン, クグロフ, ブリオッシュ, パネトーネ, シュトーレンなど |
| 調理パン | | サンドイッチ, カレーパンなど |
| その他のパン | 焼きパン | マフィン（イングリッシュマフィンなど）, クネッケブロート, ラスク, チャパティ, ナン, トルティーヤ, ベーグル, ピタパンなど |
| | 揚げパン（イーストドーナツを含む） | リングドーナツ, デニッシュドーナツ, ピロシキなど |
| | 蒸しパン | パン生地をそのまま, またはフィリングを入れて蒸したもの |

### b. 硬焼きパン

バゲットはフランス生まれの長いパンで，小麦粉，塩，イースト，水だけでつくり，表皮がパリッとして香ばしく，中身はサクッとしてさっぱりした味なので，料理を引き立てる．パリジャン，バタール，ブールなどはバゲットと同じ生地から形と大きさを変えて焼く．ドイツのブレーチヒェンはパリッとした外皮，しっかりした内相の小形硬焼きロールパンで，王冠様の丸形が多い．5つの折り目があるカイザーロール（カイザーゼンメル）は塩味で外皮は硬いが，内部は軟らかめである．小麦粉にイースト，塩，粉乳，オリーブ油，水などを加え，直捏法で硬めに仕込む．手で生地をたたいて薄く伸ばし，中心に向かって折り込みを5回行う．イタリアのグリッシーニは細長い乾パンで，表面が硬く，塩味のポリポリした食感である．小麦粉の半分，イースト，水を混ぜ，約27℃で1時間30分発酵した中種に残りの小麦粉，砂糖，オリーブ油，塩，水を加え，硬めの生地に捏

ね上げ，蒸気を使ったオーブンで焼く．

　c．菓子パン

　あんパン，メロンパン，ジャムパン，クリームパンなどは日本生まれの菓子パンである．デニッシュペストリーはウィーンからデンマーク経由で広まった．砂糖，バター，卵が多い生地にバターを包んで何回か折り込み，生地を冷やしながら成形し，発酵，焼成する．渦巻や編目状などの形，クリーム，ホワイトソース，チーズ，シナモン，ナッツ，ジャム，果物などで詰めもの，コーティングまたはトッピングをした多種類のものがある．

　三日月形のクロワッサンはバターの香りとサクッとした食感のフランスパンで，朝食用にもなる．オーストリア生まれでフランス育ちのブリオシュはバターと卵が多く，軽い食べ口でしっとりしている．パネトーネは砂糖，バター，卵を多く加え，レーズン，レモンやオレンジの皮などを入れた円筒状で，軽くて淡白な味である．伝統的なコモ湖の天然酵母の代わりにサワー種を使うことが多い．前生地の一部を膨化源として長時間発酵で生地をつくり，円筒型で上部を十文字に切って焼く．中央が空洞の釣り鐘型のクグロフは斜めのひだがある鉢形陶製型で焼く．ひだはキリスト降誕祝にベツレヘムに向かった3人の王が越えた14の谷を表す．ドイツのシュトーレンはイーストで膨らませ，バター，卵，牛乳，レモン，ラム酒に漬けたレーズン，オレンジやレモンの皮，アーモンドなどを多く配合し，味と日持ちが良い．バターを塗り，グラニュー糖や粉砂糖をふりかけて仕上げる．

　d．調理パン

　サンドイッチにはクローズド，ロール，クラブおよびオープンサンドイッチ，カナッペなどがある．カレーパン，焼きソバやサラダを挟んだパンなど，調理パンの種類は多い．

　e．その他のパン

　1）焼きパン

　イングリッシュマフィンは小麦粉にイーストかベーキングパウダー，砂糖，塩を加えるが，バター，ミルク，トウモロコシ，ナッツ，フルーツ，野菜などを加えた製品も多い．丸めた生地をマフィン用焼き型にのせて焼く．膨らみは小さいが，気泡が大きい．

チャパティはアタでつくる非発酵平焼きパンである．微温湯を加えて手で捏ね，少しねかせ，薄く広げて鉄板上で焼く．ちぎり，指で料理を包み口へ運ぶ．油揚げしたポーリィ，植物油を畳み込み鉄板上で焼くパラタもある．ナンは手製の発酵剤を入れ，粘土製かまで焼く．メキシコ北部や合衆国の小麦粉トルティーヤは20～30ｇずつに分割した生地を室温で10～15分間ねかせ，ロールを使うか圧して，直径12～15 cm，厚さ0.2～0.5 cmの平らな円盤状にする．約200℃の鉄板上で15～20秒間焼き，ひっくり返して10～15秒間焼く．焼きたてを布に包んで食卓に出し，肉や野菜などを包むか，料理の下に敷いて食べる．タコスにはトルティーヤに肉，ソーセージ，野菜などを挟むものと，それらを包んで油で揚げるものがある．

ベーグルはニューヨークのユダヤ系の人たちが食べていたが，外食産業が合衆国全土と世界に広めた．強力粉，イースト，塩，砂糖，油脂，水から硬めの発酵生地にし，リング状に成形して，沸騰湯に浸漬後に焼成する．表皮は褐色で，内相は白く硬めで粘り気があり，重い食感である．配合やトッピングによるバリエーションがある．

中東や北アフリカのピタパン（アラブパン）は中が空洞の球形または卵形で，二層に焼き上げる．小麦粉，イースト，塩，水を捏ねて硬めの生地にし，約1時間発酵する．分割し，丸め，10～15分間ねかせる．ローラーで1.5～2.5 mm厚の平らにし，丸か卵形に成形する．ほいろで空気にさらし，最後の発酵をする．焼成は高温短時間（400℃，90秒間が一例）で行う．生地の薄い表面がオーブンで青白い外皮に変化する．一方，中心部の温度は約99℃に上昇し，蒸気が発生する．その蒸気圧と発酵で発生する二酸化炭素の圧力で上と底の層が離れてポケットができる．半分に切り，料理を具として詰めて食べる．

2) 揚げパン

イーストドーナツはイーストで発酵した生地を油揚げしたもので，2通りある．リングドーナツは砂糖とショートニングを多く配合したパン生地をリング状に成形して油揚げしたもので，軽い甘さで歯切れが良い．デニッシュドーナツはデニッシュペストリー生地を棒状ツイスト，丸形，四角などに成形して油揚げする．いずれも，表面をクリーム，ホンダンなどで仕上げたバリエーションがある．

ロシアのピロシキは小麦粉に卵，バターなどを加えた生地で具を包み，油揚げ

するかオーブンで焼く．パン，折りパイ，および練りパイ生地からのものがあり，具には肉，魚，卵，チーズ，穀物，野菜，きのこなどを調理したものや，果物やジャムも使う．

### 3） 蒸しパン

中国の饅頭(マントウ)には具を入れないものと肉やあずきあん入りの包子(パオズ)がある．小麦粉に麹(こうじ)，砂糖，少量のラード，水を加えて捏ね，発酵し，小さく切って蒸すのが伝統的製法だが，イーストやベーキングパウダーを使うことが多い．日本の肉まんやあんまんには薄力か中力の1等粉を使い，準強力か強力の1等粉を20～30％混ぜることもある．小麦粉に卵，牛乳，膨剤を加える蒸しパンはプレミックスでつくれる．チーズ蒸しパン，黒糖やレーズン入り蒸しパンもある．

### 4.1.2 原材料の種類と品質

#### a. 小麦粉

食パンには灰分が0.3～0.4％台，タンパク質が12％程度の強力1等粉が適する．菓子パンには準強力粉や強力2等粉も使う．フランスパンには本場ではタンパク質が多めの中間質小麦からの灰分が多めの粉を使うが，日本には専用粉があり，焼き立てでない販売に向くタンパク質が多めの粉もある．平焼きパンは中力または準強力の2等粉でよく，普通の蒸しパンは準強力または中力粉でつくる．

#### b. 水と塩

日本では水道水を使えるが，製パン用水としてはpH 5～6で中程度の軟水（中硬水）（$CaCO_3$ が50～100 ppm）がよく，水道水以外は衛生状態も検査して使用する．

塩は食塩（塩化ナトリウム99％以上の乾燥塩，平均粒径0.4 mm，苦汁分を約0.3％含む）を用いる．糖や油脂が少ないパンでは少なめ，糖が多いパンでは糖量が増えるに従って減らし，油脂や乳製品が多いパンでは量に応じて多くする．高灰分粉や，長く発酵するか仕込み水が軟質の場合はやや多めにする．塩には，①適量だと生地をダレにくくし，形が整い，弾力に富み，肌触りの良いパンにする，②他の材料の味を引き立て，それらが少ない場合にはパンに自然の香りを出す，③浸透作用で発酵速度を調節し，その作用は小麦粉に対して2.5％を超えると著しく，5％以上では阻害する，④浸透作用で雑菌増殖を抑え，パンの香りを

増し，タンパク質分解酵素や少量の発酵阻害物質の作用を抑え正常な発酵をさせる，といった働きがある．

c. イーストと油脂

出芽酵母の *Saccharomyces cerevisiae* が糖を発酵して発生した二酸化炭素は，小さな気泡になってグルテン網目状膜に包み込まれ，温度が上がると膨張して生地を押し広げる．発酵で生成したアルコール，エステル，有機酸などはグルテンの伸展性を増し，味と香りを与える．圧搾生イーストは酵母の水分を 66〜70 % にし，ケーキ状にして直方体に切断したもので，3〜5 倍の水（仕込み水の一部）に溶かして使用する．活性ドライイーストは約 5 倍量の微温湯に溶かし，粉末や微細な顆粒はそのまま他の原材料と混ぜる．生イーストの 1/3 でよいが，少し多めに使う．無〜低糖生地用と高糖生地用がある．国内産はインベルターゼ活性が低いものが多く，幅広い適応性があり，用途別の専用イーストもある．

パン製造で使う油脂には，他の原料とともに生地に練り込む「練り込み用」と生地の間に挟み込んで折り畳む「折り込み（ロールイン）用」がある．油脂を配合すると，パンのやわらかさが増す，味が良くなる，体積が大きくなる，歯切れが良くなる，きめが細かくなる，老化が遅くなる，生地の機械耐性が増す，などの効果がある．練り込み用にはバター，ラード，マーガリン，ショートニングなどの可塑性をもつものが使われるが，省力化や合理化が可能なバルクハンドリング（大量処理）用には流動性油脂がある．ソフトで老化しにくい機能性を付与した製品も多く開発されている．折り込み用油脂は生地に薄い油脂層を多くつくって付着を防ぎ，焼成中に出る水蒸気や二酸化炭素の発散を抑え，層状にする．パフペストリー（折り畳みパイ）専用の硬い油脂，デニッシュペストリーと兼用の軟らかめの油脂，デニッシュペストリー用の軟らかい油脂もある．高融点の硬い油脂は焼成の初めから中頃にかけて溶解しにくいので，油脂層間に水蒸気が保持され，製品の高さが大きく（浮きがよく）なる．ロールイン油脂が多いと折り回数が多過ぎても浮きがよい．ロールイン油脂は適温以上にならないようにする．

d. 糖類，乳製品，製パン改良剤

用いられる糖類はショ糖（スクロース）が主だが，ブドウ糖（グルコース），水あめ，転化糖，異性化糖，フルクトオリゴ糖も使い，低う蝕性，低発酵性，低着色性などの特徴を持った新素材もある．小麦粉に対し 1〜2 % だと発酵で消費

され，甘くするには10％以上配合する必要がある．おもな効果は，①イースト作用を助ける，②菓子パンに甘みを与える，③高糖製品では水分活性を下げて微生物繁殖を抑える，④表面に焼き色をつける，⑤内相を軟らかくし，老化を遅らせる，⑥まろやかな味にする，などである．

脱脂粉乳は乳清タンパク質による生地のだれやパン体積低下を防ぐため，高温乾燥品を使う．おもな効果は，①風味を良くする，②表皮の焼き色を良くする，③内相をソフトにする，④生地のミキシング耐性，安定性，発酵耐性の向上，⑤栄養価向上，である．

製パン改良剤はイースト発酵促進，仕込み水の水質改良，生地性状改良に使う．イースト栄養源のみの製剤はイーストフードとして一括表示できる．無機質タイプはイーストフードに酸化剤や還元剤を配合したもの，有機質タイプは酵素剤や酵素安定剤を配合したもので，粉末や液状の麦芽，無機・有機混合タイプもある．速効性タイプは酸化剤の配合量が多く，短時間製パンに使う．加工デンプン，酵素，乳化剤などの添加も食感向上に効果がある．

### 4.1.3 製　造

#### a. 原材料配合

おもなパンの主要原材料配合を表4.2にまとめた．また，表には含まれていないが，小麦粉トルティーヤの本場の配合例は小麦粉100，ショートニング12，塩1.5～2，水約40で，本場のピタパンは小麦粉100にイースト0.5～1.0，塩0.75～1.5％，少なめの水を加える．

#### b. 製パン法

直捏生地法と中種生地法が基本で（図4.1），中麺生地法と液種生地法を加えた4つが代表的製パン法だったが，これらを改良した新製パン法が開発，実用化されている．

##### 1) 直捏生地法（直捏法またはストレート法ともいう）

全原材料をミキシングして（捏上げ温度は26～28℃），発酵（第一膨張は26～27℃，相対湿度70％で70～90分，ガス抜き後，第一膨張の半分ぐらいの時間の第二膨張），分割・丸め，ねかし（15～25分），成形（または整形・型詰），ほいろ（37～39℃，相対湿度85％以上のほいろ内で製品の大きさの60～70％まで膨張），

表4.2 おもなパンの主要原料配合（長尾，2011）

| | | 小麦粉 | イースト | 塩 | 砂糖 | 油脂 | 脱脂粉乳 | 卵 | 水 | その他 |
|---|---|---|---|---|---|---|---|---|---|---|
| 食パン | 食パン | 100 | 2〜3 | 1.5〜2.5 | 2〜8 | 2〜12 | 0〜6 | 0〜6 | 60〜70 | モルト 0.2〜0.5 |
| | 小麦全粒粉パン | 100 | 2〜2.5 | 1.5〜2.2 | 2〜4 | 2〜3 | 2〜3 | — | 55〜65 | モルト 0.2〜0.5 |
| | コーンブレッド | 100 | 1.7〜2.5 | 1.8〜2 | 4〜8 | 4〜8 | 0〜4 | — | 50〜60 | コーングリッツを水で煮たもの適量 |
| | レーズンブレッド | 100 | 1.7〜3.5 | 1.5〜2 | 6〜8 | 4〜10 | 2〜6 | 0〜6 | 55〜65 | レーズン 50〜100 |
| ロールパン | バターロール | 100 | 2.5〜3.5 | 1.0〜1.8 | 8〜14 | 8〜30 | 2〜4 | 5〜20 | 45〜55 | |
| | ハンバーガーバンズ | 100 | 1.7〜2.5 | 1.7〜2.5 | 2〜8 | 2〜4 | 0〜4 | 0〜5 | 60〜65 | |
| 硬焼きパン | バゲット | 100 | 1.8〜4 | 1.5〜2.2 | — | — | — | — | 60〜67 | モルト 0.1〜0.3 |
| | ブレートヒェン | 100 | 1.8〜4 | 1〜2 | 0〜6 | 0〜4 | — | — | 60〜65 | |
| | ピザクラスト | 100 | 2〜5 | — | 1〜4 | 0〜2 | 0〜1.5 | 0〜5 | 57〜62 | |
| 菓子パン | あんパン | 100 | 3〜5 | 0.5〜1.5 | 25〜37 | 5〜15 | 0〜6 | 5〜20 | 40〜55 | 生地：あんは 40：60〜60：40 |
| | デニッシュペストリー* | 100 | 6〜12 | 0.5〜3 | 10〜25 | 5〜15 | 0〜7 | 12〜30 | 15〜45 | ロールイン油脂 25〜80（牛乳 30〜45） |
| | クロワッサン | 100 | 2〜5 | 1〜2 | 3〜16 | 5〜25 | 2〜5 | 5〜15 | 45〜60 | ロールイン油脂 35〜80 |
| | ブリオッシュ | 100 | 3〜6 | 1.5〜2 | 6〜8 | 40〜60 | 2〜4 | 30〜50 | 25〜35 | |
| その他のパン | イングリッシュマフィン | 100 | 4〜6.5 | 0〜1.8 | 0〜6 | 0〜5 | 0〜4 | — | 65〜80 | モルト 0.2〜0.5 |
| | チャパティ | 100 | — | 0.5〜1 | — | — | — | — | 65〜70 | |
| | ベーグル | 100 | 1.5〜2 | 1.5〜2.2 | 2〜4 | 2〜4 | — | — | 45〜55 | |
| | イーストドーナツ | 100 | 3〜5 | 0.5〜1.5 | 10〜15 | 10〜15 | 0〜4 | 10〜25 | 45〜55 | |
| | 蒸しパン | 100 | 2〜2.5 | 0.5〜0.8 | 10〜20 | 0〜6 | — | — | 45〜55 | |
| | 肉まん，あんまん | 100 | 2〜2.5 | 0.5〜0.8 | 8〜15 | 2〜5 | — | — | 45〜60 | |

*：デニッシュペストリーでは，水の代わりに牛乳を配合するものもある．

4.1 パン

```
直捏生地法                中種生地法
┌─────────────┐        ┌─────────────┐
│ 生地ミキシング │        │ 中種ミキシング │
└─────────────┘        └─────────────┘
    第一膨張                中種発酵
生地  │                ┌─────────────┐
発酵 ガス抜き             │ 生地ミキシング │
    │                 └─────────────┘
    第二膨張               フロアータイム
         分割・丸め
    仕   │
    上   ねかし
    げ   │
        成　形*
         │
        ほいろ
       ┌─────┐       *：型焼きパンの場合は
       │焼　成│            整形・型詰
       └─────┘
       ┌─────┐
       │冷　却│
       └─────┘
```

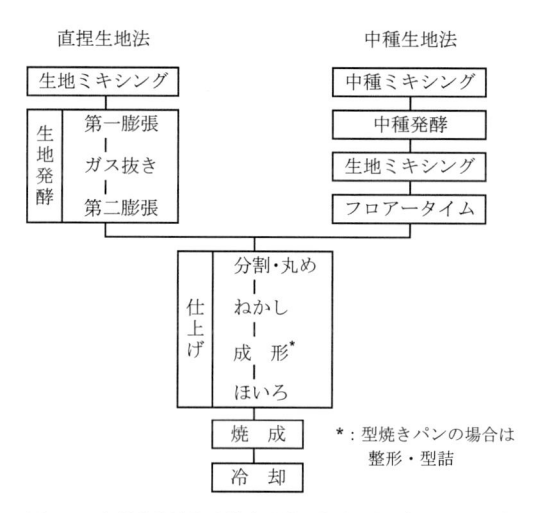

**図 4.1** 直捏生地法と中種生地法の製造工程（長尾，2011）

焼成（180～250℃で30～40分），冷却，（スライス），包装でつくる．ミキシングが軽いので抱き込まれる気泡数が少なめで膜がやや厚く，硬めに仕上がるが，食感とフレーバーが優れる．低温で仕込めば発酵耐性があり，小規模ベーカリーに向く．生地は温度や硬さの修正ができない．

　発酵を40～60分で行うのが短時間直捏法で，イーストと酸化剤を増やし，ミキシングを十分に行う．標準法に比べ気泡数が多く膜が薄いので軽くソフトな食感だが，フレーバーは物足りない．発酵を0～30分で行うノータイム法ではイースト（3～4％）と酸化剤を増やし，ミキシングを十分に行い，捏上げ温度を高め（29～30℃）にする．気泡数が多くて膜が薄くなり，生地が良く伸び，体積が大きくてソフトな食感になる．サワー種の配合でフレーバー不足を補える．標準ノータイム法では発酵時間を15～20分とる．成形（または整形・型詰）前の発酵を抑えたい冷凍生地や冷蔵生地に使う．機械的生地形成法の代表はチョリーウッド法で，プロペラ状撹拌子の高速回転ミキサーにより約3分で生地形成する．アスコルビン酸を75～100 ppm添加し，フロアータイム5～10分で生地分割する．化学的生地形成法は還元剤の添加で生地形成を促進し，ミキシング時間を短縮する．

**2) 中種生地法**（中種法またはスポンジ法ともいう）

　小麦粉の一部（70％が一般的），イースト，水，生地改良剤の中種（捏上げ温

度 22〜25℃）を 26〜27℃で 3〜5.5 時間発酵し，残りの原材料を加えて生地ミキシング（本捏）（捏上げ温度は 26〜28℃）を行う．伸展性が良い生地ができるので，フロアータイムは 10〜30 分でよい．生地は機械耐性が優れ，安定性も良くて大量生産に向き，窯伸びもよい．パンは気泡数が多く，フレーバーが強めのキメ細かくソフトな食感で，老化が遅い．100％中種生地法は生地安定性が低く，捏上げ温度を管理しにくい．長時間中種生地法は生地安定性が悪いので使われなくなり，中種を冷蔵庫か氷温庫に入れて長時間熟成する冷蔵中種法または氷温中種法が，特徴あるフレーバーになるので普及している．菓子パン製造に多く使われるのが加糖中種生地法で，中種に砂糖の一部（小麦粉 100 に対して 5）を加えると，本捏以降でのイーストの発酵力低下を防げる．

3) 中麺生地法

イースト，イースト溶解用の水，小麦粉の一部を除く原材料で軟らかめの生地（中麺）をつくり，12〜14 時間くらい置いた後にイーストと生地の硬さ調製用の小麦粉を少し加えて生地にし，以降の工程を行う．中近東産小麦のように硬くて粉の粒子が粗い場合に用いると，粉が水和しやすくて独特の風味のパンをつくりやすい．

4) 液種生地法

イースト，塩，イーストフード，モルト，水の全量または一部，糖の一部に，pH 緩衝剤として脱脂粉乳または炭酸カルシウムを加えて液種をつくる．発酵，冷蔵し，残りの原材料を加えてミキシングして生地にし，以降の工程を行う．ミキシングで機械的に生地熟成を進める必要がある．フレーバーにやや欠けるが，ばらつきが少ない製品ができる．

5) その他の製パン法

冷蔵生地法では生地丸めか成形後に一晩冷蔵し，それ以降の工程を行う．冷蔵中の気泡数減少を防ぐため，発酵をできるだけ抑える．フレーバーが不足しやすい．冷凍生地法は必要に応じて解凍して以降の工程を行う方法で，焼きたてを販売できる．生地中の氷結晶生成でイースト活性が低下し，生地弾性が弱まりやすく，糖，油脂などの配合率が低い生地で影響が出やすい．日本では優れた冷凍生地用イーストが市販されており，高品質の製品をつくれる．分割，丸め後に冷凍する生地玉冷凍生地法，成形後に冷凍する成形冷凍生地法，ほいろ終了後に冷凍

するほいろ冷凍生地法がある．後者は解凍して焼くだけで短時間にパンを焼き上げられるが，生地が不安定で，大きな貯蔵や輸送スペースが必要である．パーベイク法は外皮着色を抑えて半焼きパンをつくる方法だが，あまり使われなくなった．

サワー種法は野生酵母，乳酸菌などが主体のサワー種を使い，酸味と酸臭が強い．サンフランシスコ・サワードウ・ブレッドはサワー種を使う．ライ麦パンはサワー種だけか，イーストとサワー種を併用する．酒種，ホップス種，パネトーネ種などもサワー種である．

湯種法（または$\alpha$種法）は製法特許が出ている．小麦粉の一部を熱湯で混捏，冷蔵しておき，パン生地調製時に配合する．デンプン糊化が進み，モッチリした食感のパンになる．

**c. 製造工程と品質保証**

**1) 生地形成，熟成，発酵**

均一に混ぜる低速ミキシング段階と，グルテンを形成し均一に分散して弾性と伸展性のバランスをとる中速と高速ミキシング段階がある．直捏法の食パンミキシングの最適終点は生地が乾いた感じになり，弾力に富み，薄く滑らかに伸び，光沢が出るあたりである．バゲット，穀粉入りパン，デニッシュペストリーなどは食パンよりミキシングを短めにし，あんパンは長めにする．ミキシングが終わるとイーストが二酸化炭素を発生し，生地が膨張する．風味成分も生成し，生地の伸展性とガス保持力がよくなる．

**2) 分割から型詰めまで**

機械か手作業で生地を一定重量に分割する．分割で加工硬化した生地の切り口を閉じ，ガス保持力回復のためにまるめを行い，10～20分間ねかせ，加工硬化を回復する．機械整形では生地をローラー間に通してガス抜きしながら扁平にし，棒状にカーリングまたは方形に折りたたんで圧延する．手整形ではめん棒で均一にガス抜きしながら扁平に圧延して，棒状に巻くか，方形に折りたたんで目的の形に整える．製品の形に成形して展板上に並べるか，生地を焼き型に詰める．直焼きパンではこの工程がない．

**3) ほいろ（焙炉），焼成，冷却，包装**

最終発酵工程で加工硬化した生地状態を回復する．中種生地法では，食パンや

あんパンは 38～40℃，相対湿度 85～95 % が多く，バゲット，ブレーチヒェン，デニッシュペストリー，クロワッサンなどは 30～32℃，相対湿度 70～80 % が一般的である．ほいろ時間は 30～90 分で，終点は生地表面を指で軽く触れるとフワッと軽く，押すとへこむ程度である．

　糖や油脂などが多い配合の生地は 180～190℃ 程度，それらが少ない（リーンな）生地では 230～250℃ 程度で焼成する．大きな生地は長時間，小さい生地は比較的短時間で焼き上がる．リーンな生地はオーブン投入時に蒸気を注入する．自然放冷または空気循環式冷却機でパン中心部が 30℃ 近くになるまで冷却し，包装するかそのまま出荷する．

**4) 品質保証**

　原材料の品質と安全性を確認する．各工程での温湿度や時間の管理を徹底し，包装，保管，貯蔵，配送時の品質保持にも万全を期したい．食品衛生法で認められない添加物を使わず，安全性が確保できる設備にし，清掃を定期的に行い，チェックポイントを決めて徹底的に管理する．ISO 9001 や 22000，HACCP，AIB 方式などの安全管理システムを導入するか，それらに準じた独自の方法での管理を進める企業も多いが，企業間格差は大きく，さらなる安全への取り組みが必要な場合もある．

## 4.2　め　　　ん

### 4.2.1　種類と特徴

#### a.　生めんと乾めん

　めんは小麦，ソバなどの穀粉に水を加えて捏ね，細長い線状に成形後，加熱調理するものである．加工と調理が比較的簡単で，アジアを中心に世界中で多様なめんが食べられている．日本では大きく生めん類，乾めん類，即席めん類，マカロニ類，その他に分類され，生めん類には，生，ゆで，蒸し，冷凍めんが，生，ゆで，冷凍めんには，うどん，ひらめん（きしめん，ひもかわ），中華めん，そば，皮類（餃子とシュウマイの皮）がある．蒸しめんの代表は焼きそば用中華めんである．公正競争規約は生めん類の中華めんの製造にはかんすいを使い，そばにはソバ粉を 30 % 以上配合すると定めている．ゆでめんを完全包装すると長期保存

できる．

　乾めん類には生地を圧延しめん線に切断する干しめん，干しそば，干し中華めんと，生地を撚延する手延べ干しめんがある．乾めん類品質表示基準により，干しめん中で長径を1.7 mm以上に成形したものは干しうどんまたはうどん，1.3 mm以上1.7 mm未満のものは干しひやむぎ，ひやむぎ，または細うどん，1.3 mm未満のものは干しそうめんまたはそうめん，幅が4.5 mm以上で厚さが2.0 mm未満の帯状のものは干しひらめん，ひらめん，きしめん，またはひもかわと表示できる．手延べ干しめんは長径を1.7 mm以上の丸棒状または帯状のものが手延べうどん，1.7 mm未満の丸棒状に成形したものが手延べひやむぎまたは手延べそうめん，幅を4.5 mm以上，厚さを2.0 mm未満の帯状のものが手延べひらめん，手延べきしめん，または手延べひもかわと表示できる．JAS規格で，干しそば上級がソバ粉50％以上，標準がソバ粉40％以上と定めている．

### b. 即席めん，パスタ，その他のめん

　めん線をゆでるか蒸してデンプン糊化後，油揚げ，熱風乾燥などで水分を急速除去してデンプン糊化状態を保持したものが即席めん類である．2012年の生産量は54.1億食で，1人あたり平均42食である．即席麺類品質表示基準で，かん水を用いてつくる即席中華めん，小麦粉やソバ粉が原料の即席和風めん，食器として使用できる容器にめんを入れ，かやくを添付した即席カップめん，小麦粉中でデュラム・セモリナが重量で30％以上の即席欧風めんがある．即席和風めんのうち，そばと表示できるのはソバ粉配合率が30％以上である．2012年の即席めん中のカップめんの割合は65.7％である．

　パスタはロング，ショート，スモール，特殊形状パスタに大別される．JAS規格で，マカロニ類とはデュラム・セモリナまたは普通小麦粉に水を加え，卵，野菜を加えまたは加えないで練り合わせ，マカロニ類成形機から高圧で押し出した後，切断，熟成乾燥したものと定義し，乾燥品が多いが生やゆで製品もある．日本ではほとんどがデュラム・セモリナで製造される．マカロニ類品質表示基準で，マカロニ類はマカロニ，スパゲッティ，バーミセリー，ヌードルに分類し，2.5 mm以上の太さの管状またはその他の形状（棒状または帯状のものを除く）のものはマカロニ，1.2 mm以上の太さの棒状または2.5 mm未満の太さの管状のものはスパゲッティ，1.2 mm未満の太さの棒状のものはバーミセリー，帯状

のものはヌードルと表記できる．本書では，品質表示基準以外は，マカロニ類を世界的用語のパスタ，スパゲッティをスパゲティと記す．

糊化デンプンを圧出してめん線状にしたデンプンめん，米粉を糊化し多数の小孔からめん線状に圧出して乾燥したビーフン，穀粉と海草が原料の海藻めん，大麦粉を約50％配合した大麦めん，米粉を小麦粉の一部に置換した米粉めんなどもある．

### 4.2.2　原材料の種類と品質

#### a.　小麦粉

日本めんにはめん用特性を備えた中力1等粉を使う．生中華めん，蒸し中華めん，餃子，ワンタンなどには中華めん用粉がよい．即席ラーメン用には湯戻しを容易にした原料配合でタンパク質も中華めん用粉より少なめのものがある．日本めんタイプの即席めんには日本めん用粉を使う．パスタには高純度のデュラム・セモリナを使う．

#### b.　ソバ粉，デンプン

脱穀玄ソバからヌキと呼ぶ淡緑色の実を得る．ヌキを粉砕したひきぐるみもあるが，ふるい分けした粉が多い．一番粉（更科粉）は色が白くうま味と甘さがあるが，香りや風味は少ない．二番粉は薄緑黄色で香りや風味もある．三番粉は薄青緑色で香りが強いが，味と食感はやや劣る．ソバ粉の風味は劣化が速い．良質で新鮮なソバ粉で上手に打てば水溶性タンパク質の粘りでおいしいそばになるが，もろくなりやすいので小麦粉をつなぎとして使うとつくりやすい．つなぎ用は強力か準強力の2等粉から中力2等粉まで使われ，配合率もまちまちだが，JAS規格，公正競争規約などの考慮が必要である．

めん線付着防止のため，バレイショデンプンやコーンスターチを打ち粉（とり粉）として使う．食感向上とゆで時間短縮を目的に小麦粉に5〜20％のデンプンを配合することがあり，バレイショデンプン，モチトウモロコシデンプン，タピオカデンプン，各種加工デンプンが使われる．加工デンプン11品目は表示が必要で，化学的な加工デンプンと食品として扱われる物理的・酵素的処理したデンプンを使う場合にも表示が必要である．

#### c. 水と塩

水道水質基準適合水を使用する．アルカリ度（水に溶解しているアルカリ分を炭酸カルシウムとして表示し，1 ppm が 1 度）は 20 度以下がよく，高アルカリ度の水でゆでるとめん表面のグルテン結合が弱まって煮崩れや肌荒れが起こるので，煮沸湯の pH を 6 くらいに中和する．アルカリ硬度（水に溶解するカルシウム塩とマグネシウム塩の量を炭酸カルシウム（$CaCO_3$）に換算して ppm または mg/L で表す）を使い，硬度が高い水はグルテン形成とデンプン膨潤を不安定にし，めんが硬めになるので，120 ppm 以下がよい．

塩は機械製めんより手打ちや手延べに多く加え，夏は多く，冬は少なくする．日本そばには使わないが，乾めんは急速乾燥を防ぐため 1～2 % 添加することが多い．中華めんには使わない．日本めんにおいて，塩は①グルテン網目構造を引き締め，生地弾性を増し，伸展性も少し増して，製めん操作を容易にする．手打ちうどんでは水と塩を多くし，よく捏ねることでコシがある独特の食感を作り，生地操作を容易にする．多加水製法では生地軟化を防ぐために特殊ミキサーを使用し，塩も多めに加える．②酵素活性を抑制し，熟成中変化を少なくする．③ゆで湯の塩は浸透圧でゆで湯とめん内部の塩濃度を同じにしようとするため，内部に塩が入りやすく，ゆで時間を少し短縮する（横塚，1992）．④塩の約 90 % はゆで湯に溶出するが，残った塩は味を引き立てる．⑤水分活性を下げ，日持ちを良くする．⑥急速乾燥を妨げ，縦割れや落めんを少なくする．といった働きがある．

#### d. かん水と添加物

かん水は炭酸カリウムと炭酸ナトリウムが主成分で，各種リン酸塩が配合される．かん水の添加によりグルテン形成が促進され，生地がしまって独特の食感になり，小麦粉中のフラボノイドが黄色になる．炭酸塩はリン酸塩よりしまった生地をつくりやすく，炭酸ナトリウムより炭酸カリウムの方がその状態を持続する．ナトリウム系統は表面の滑らかさを増し，独特の香りにする．リン酸塩は金属のキレート作用で変色防止作用がある．添加量は季節によって 0.2～1.5 % の範囲で調整し，生めんには多く，即席めんや焼きそばには少なくする．固形，液状，および小麦粉で希釈した希釈粉末かん水もある．

ピロリン酸 4 カリウム，ポリリン酸カリウム，ポリリン酸ナトリウムなどの重合リン酸塩はグルテン硬化を抑え保水性を高めて，めんを軟らかく保つ．脂肪酸

エステルやレシチンなどの乳化剤はデンプン老化防止とゆで溶け防止に役立つ．食感向上や製造工程安定化の目的で加工デンプン，カゼイン，アルギン酸ナトリウム，カルボキシメチルセルロース，グアガム，アルギン酸などの粘度安定剤を添加することもある．pH を調節して細菌増殖を抑制する乳酸，クエン酸，リンゴ酸などの有機酸，生めんの水分活性を下げるプロピレングリコールやソルビトール，静菌効果があるエチルアルコールを使うこともある．

### 4.2.3 製　造
#### a. おもなめんに共通の工程
#### 1) 混合・混捏による生地形成

めん類製造工程を図 4.2 に示した．横型アームミキサーでは小麦粉に対し 30～35％加えた水が均一に分散し，少しグルテンが形成される．多めの加水が可能な混捏型ミキサーだとグルテン形成がある程度進む．連続自動混合ミキサーは混捏までを連続的に行う．真空ミキサーはめん表面を滑らかにし，細いめんの食感を良くして，冷凍耐性を向上する．手打ちめんではたらい状容器に小麦粉を入れ，中央にくぼみをつくって食塩水を注ぎ，手で水和させて生地塊にし，シートをかぶせて足で踏んで混合，混捏するか，すべて手で行う．機械製めんではグル

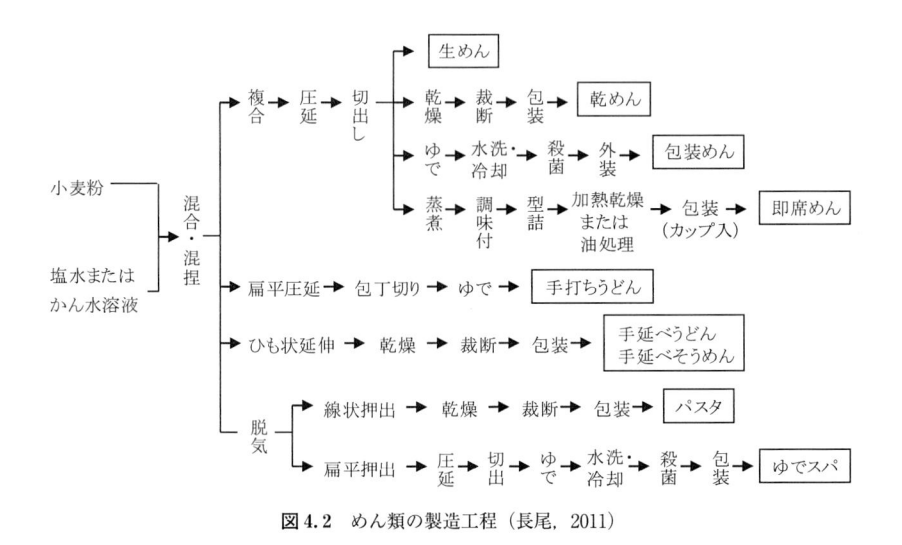

図 4.2　めん類の製造工程（長尾，2011）

表4.3 切り刃によるめん類の分類（日本工業規格 B9201）

| 区 分 | ひらめん | うどん | | | | | | ひやむぎ・そば および即席めん | | | | そうめん | | |
|---|---|---|---|---|---|---|---|---|---|---|---|---|---|---|
| 番 手 | 4　5　6 | 8 | 10 | 11 | 12 | 14 | 16 | 18 | 20 | 22 | 24 | 26 | 28 | 30 |
| 線幅 (mm) | 7.5　6　5 | 3.8 | 3 | 2.7 | 2.5 | 2.1 | 1.9 | 1.7 | 1.5 | 1.4 | 1.3 | 1.2 | 1.1 | 1 |

テンが一定方向に向くが，手打ちではグルテンの網目構造が形成される．手延べそうめんでは，小麦粉100に対し多めの水（45〜50）と塩（5〜6）を加える．

### 2) 複合から成形まで

　複合，成形には3方法ある．複合，圧延，めん線切り出しが多く，機械と手打ち方式がある．機械ではそぼろ状生地を一対のロール間を通してめん帯にし，いくつかの対のロールを順に通して段階的に圧延して目標厚にし，切り刃ロールでめん線に切り出す．10番の切り刃（表4.3）だと幅3 mmのめんになる．ひらめんは4〜6番，うどんは8〜16番，ひやむぎ，そば，即席めんは18〜24番，そうめんは26番以上の切り刃で切る．ひやむぎとそうめんの厚さは幅とほぼ同じかやや薄めである．ゆでうどんは厚さと幅がほぼ同じかやや厚さの方が薄めだが，うどんの乾めんでは厚さを幅の1/4から3/4くらいにする．ひらめんは厚さが1.2〜2 mm程度である．ひらめん以外では丸刃で切る断面が丸形もある．手延べそうめんは手で何回も繰り返し延ばして細くするが，26番以上の均一な細さに仕上がる．手打ちめんでは生地をめん棒で扁平圧延し，包丁でめん線に切り出す．

　撚延（ねんえん）による成形では練って捏ね上げた生地を丸くし，包丁で直径5〜10 cmの細長い帯状に切り出す．撚（よ）りをかけながら引き延ばし，付着と乾燥を防ぐために少量のゴマ油か綿実油を表面に塗りながら，容器（採桶）に渦状に重ねて巻き込む．覆いをして1晩ねかせ，再び，撚りながら延ばして直径1〜2 cm程度の紐にし，油を塗る．2本の竹管にこのめん紐を撚りながら延ばして8字形にかけ，室箱（むろばこ）に入れて熟成する．再び，撚りながら延ばして室箱に入れることを繰り返し，最終的には断面が丸形の1本ずつのめん線を得る．撚りながら引き延ばすので，グルテンが細い繊維状になり，特有の食感になる．稲庭うどんの製造工程では延ばす過程でローラーを用いてめん紐をつぶすので，断面が角形である．

　混捏，押し出しによる成形ではミキサーに原料を入れて加水，ミキシングした生地を真空ミキサーに送り，攪拌しながら脱気して生地中の空気を除去，圧縮す

る.密な組織になり,透明感がでる.脱気生地を水冷ジャケット付きシリンダー(エクストルーダー)に送り,ウォームスクリューで加圧し,ダイス(鋳型)から押し出して成形する.ショートものはダイスを出た直後に数 mm～40 mm にカットし,ロングものは乾燥後にカットする.

### b. 生・ゆでめん

中小工場のゆで槽は長方形の数段の移動式で,生めんを入れると移動してゆで上がる.連続式自動ゆで装置では生めんが 1 食ずつ金網バケットに入り,チェーンコンベヤーでゆで槽を通り,水洗槽,冷却槽を経て,包装機に送られる.保存性を高めるために製造工程の清潔さと低温流通が必須だが,補助手段として乳酸,リンゴ酸,クエン酸などの 0.2～0.25 % 溶液にゆでめんを短時間浸し,pH を 5.0～5.5 に下げることも行う.

### c. 乾めん

乾めんの製造では,連続移動式室内乾燥が一般的になった.温湿度調節した空気循環の室内を竿架けした生めんがチェーンで移動しながら乾燥される.35～45℃で 6 時間くらいが多い.予備乾燥では低湿度の乾燥空気を大量に送り,約 1 時間で水分を約 40 % から約 27 % に減らし,めん線が自重で伸びるのを防ぐ.本乾燥ではめん線表面からの過度の水分蒸発を抑えながら,水分を 15～16 % に下げる.めん線内部の水分の表面への移動を塩が促進する.この段階での急速乾燥は好ましくないが,めん線内部の水分移動と表面からの蒸発促進は望ましいので熱風を用いてもよい.仕上げ乾燥では冷風を用い,めん線周囲の湿度を下げて乾燥効果を上げる.

手延べそうめんは寒い季節につくり,木箱に詰めて梅雨後に出荷するのが一般的で,油臭が消え,シャキッとした食感になる.このように貯蔵して梅雨を越させること,あるいは梅雨を越すことでおいしさが増すことを厄と呼ぶ.2 本の竿(細竹)に 8 の字にあやがけし,2 つ折りして室箱に入れ,ねかす.その間に竿の一方を固定し,もう一方を手で引いてめん線を細くすることを数回行う.最後に屋外の乾燥台に移し,長い箸でほぐしながら竿の間の長さを順に広げ,1.3 mm 以下の太さにする.乾燥後,一定の長さに切断し箱に入れる.工程の機械化が進んでおり,油を減らし,デンプンでの付着防止も行われる.厄を経るとグルテニンは硬さを増し,手延べそうめんも硬さが増す.また油は加水分解され,脂肪酸

の一部がタンパク質に結びつき,油臭さもなくなる.かって瀬戸内海や九州などの伝統的な手延そうめんの産地の小麦はタンパク質の量が多くなかったので,厄で少し硬めの食感にする必要があったと思われるが,ASW 小麦を使えば厄を必要としない場合もある.

**d. 即席めん**

即席めんの製造では,めん線をネットコンベヤーに載せ,約 95℃の函型蒸気槽中を 1～2 分間通過させてデンプンを $\alpha$ 化する.蒸気槽を出たら自動カッターで裁断し,1 食分ずつに計量する.

湯戻しが速いめんを得るため,油揚げによって短時間で乾燥・脱水する方法と熱風乾燥で乾燥する方法がある.めんに味付けする場合には 1 食分ずつ計量しためんに調味液を噴霧し,型詰め後に油揚げする.スープ別添の場合には計量しためんを型詰めして油揚げする.めんが入った揚型に小さい穴がある鉄製のふたをかぶせた後,鉄またはステンレス製の揚槽に入れる.揚油はおもに植物性油(パーム油など)だが,一部にラードなどの動物性油やこれらの混合油,水添油なども使い,140～160℃で 1～2 分間揚げる.揚油の劣化を防ぐため,新油添加,揚げかすの除去,天然抗酸化剤の使用などを行う.熱風乾燥では小さい穴が開いた金属製乾燥型に詰めためんがコンベヤーによって熱風乾燥機で乾燥される.95～105℃,40～50 分で,最終製品水分が 14.5% 以下になるようにする.

めんを揚型や乾燥型からはずし,ネットコンベヤー上を移動しながら冷風で強制冷却し,室温まで冷ます.変形,型崩れ,異物混入などがないかを検品する.カップめんの場合にはめんをカップに投入し,調味料および味付けやくみまたはかやくを自動供給して,ふたをして密封後に,ポリプロピレンフィルムでシュリンク包装して段ボール詰めする.味付け油揚げめんは検品しためんをそのまま包装する.スープ別添油揚げめんとスープ別添 $\alpha$ 化乾燥めんでは,めん,スープ,かやくなどを自動包装する.最近では切りたての生めんを熱風で乾燥した,コシがある生めん風即席袋めんの人気が急上昇している.

**e. パスタ**

生地片をプレドライヤーの乾燥熱風で短時間に表面水分を除去し,ファイナルドライヤーに移す.ショートものはベルトタイプドライヤーを多く使うが,ドラムタイプもあり,3～10 時間で乾燥する.ロングものはトンネルタイプで成形

生地を吊り下げたステッキを移行しながら，50〜90℃（90℃前後の高温乾燥が主流）で5〜20時間乾燥する．表面乾燥を抑え内部からの拡散を促すよう温湿度設定する．冷却，計量し，ポリエチレンやポリプロピレンなどで包装する．家庭用は150g〜1kg，業務用は1〜4kg包装が多い．

### 4.2.4 規格と表示制度

「農林物資の規格化及び品質表示の適正化に関する法律」（JAS法）に基づき，乾めん類，即席めん，マカロニ類には「JAS規格」と「品質表示基準制度」がある．不当景品類および不当表示防止法に基づく全国生めん類公正取引協議会の「生めん類の表示に関する公正競争規約」と日本即席食品工業公正取引協議会の「即席めん類等の表示に関する公正競争規約」がある．食品衛生法とJAS法で品質劣化が速い生めん類には「消費期限」を表示し，比較的品質劣化しにくい乾めん類や即席めん類は「賞味期限」を表示する．

「三輪素麺」，「播州素麺」，「揖保乃糸」，「稲庭うどん」はデザイン化された文字や図案との組合せで，「揖保乃糸」は標準文字でも商標登録されている．地域団体商標制度で「幌加内そば」，「伊勢うどん」，「和歌山ラーメン」，「神埼そうめん」，「五島うどん」，「五島手延べうどん」，「米沢ラーメン」，「沖縄そば」などが登録査定された．地域特産品認証制度では都道府県が申請に基づいて「地域特産品認証食品」（略して，Eマーク商品）を認める．

## 4.3 菓　　子

### 4.3.1 小麦粉系菓子の種類と特徴

日本で市販されている小麦粉が主原料の菓子を表4.4にまとめた．

#### a. 焼きもの，揚げもの

ビスケットにはハードとソフトがあり，砂糖やショートニングが多いものがソフトビスケット，それらが特に多いものがクッキーである．アメリカでは日本のビスケットのほとんどをクッキーと呼ぶ．サブレはフランス語のクッキー，パルミエはシュロ葉形の甘いクッキーである．中華風クッキーもある．アメリカタイプのソーダクラッカー，イギリスタイプのクリームクラッカー，酵素クラッカー

表4.4 日本での小麦粉菓子のいろいろ（長尾，1984）

| 大分類 | 中分類 | | 代表的な菓子の名称 |
|---|---|---|---|
| 焼きもの | ビスケット類 | | ハード・ビスケット<br>ソフト・ビスケット<br>クッキー<br>クラッカー |
| | 焼きもの（小もの） | | 佐賀ボーロ<br>そばボーロ |
| | せんべい類 | | 瓦せんべい<br>南部せんべい |
| | ウェハース | | ウェハース |
| 揚げもの | ドーナツ類 | | ケーキ・ドーナツ<br>イースト・ドーナツ |
| | 油菓 | | かりんとう |
| 生菓子 | 和 | 焼きまんじゅう | 栗まんじゅう<br>唐まんじゅう<br>どらやき<br>今川焼き・たいやき |
| | | 蒸しまんじゅう | 酒まんじゅう<br>蒸しまんじゅう |
| | | カステラ | 長崎カステラ |
| | 洋 | ケーキ類 | スポンジケーキ<br>バターケーキ<br>ワッフル<br>ホットケーキ<br>シュークリーム<br>パイ<br>バウムクーヘン<br>クレープ |
| | 中華 | 蒸しまんじゅう | あんまんじゅう<br>肉まんじゅう |

があるが，日本にはソーダクラッカーが多く，サクっとした食感と発酵による食味が特徴である．プレッツェルは古代エジプト人が神と人間と自然のサイクルを表わす三角形を崇拝したことが起源と考えられ，中世ヨーロッパの僧院で四旬節用に小麦粉，塩，水を捏ねて焼いたブラセルスに名前が由来し，両腕を胸のところで交叉して祈りを捧げる姿の光沢ある塩味のビスケット状菓子である．乾パン，ウェハースもある．瓦せんべいは小麦粉せんべいの代表格であり，岩手県生まれ

の糖を使わない南部せんべいは八戸せんべい，津軽せんべいなどとも呼ばれ，ピーナツ，ゴマを加えたバリエーションもある．佐賀ボーロ，そばボーロなども小麦粉の焼きものである．

ドーナツの起源はオランダのオリークックという真ん中にクルミを載せたボウル状揚げ菓子である．清教徒がメイフラワー号でアメリカ新大陸へ向かう途中で立ち寄り，つくり方を覚えた．アメリカにはクルミがなかったので，真ん中に穴を開けて揚げた．その後，膨剤によるケーキドーナツとイーストによるイーストドーナツに発展した．かりんとうには，イースト発酵の軽い食感のソフトかりんとうと膨剤を使い硬めの食感のハードかりんとうがある．

**b. 生菓子**

栗まんじゅう，かすてらまんじゅう，唐まんじゅう，どら焼き，今川焼き，たい焼き，月餅(げっぺい)などは焼きまんじゅうで，酒まんじゅう，蒸しまんじゅう，温泉まんじゅうなどは蒸しまんじゅうである．発酵によるものと膨剤によるものがある．かすてらは伝来地が長崎だが，江戸で盛んにつくられ，配合や製法によって日本独特のやや濃厚な味になった．

スポンジケーキのスポンジは海綿を意味し，細かい気泡が多くて軽い．ショートケーキ，デコレーションケーキなどに加工され，ロールケーキにも応用される．バターケーキはデコレーションを行わないものが多い．栗のピューレをのせたモンブランは，アルプスの山に由来する．ミルフィーユはパイにカスタードクリームなどを挟んだもので，フランス語でミルは千，フィーユは葉や紙片を意味し，薄い層が多く重なっている．バウムクーヘンはドイツの祝い菓子で，鉄棒に生地を巻きつけて回転しながら焼き，幾層にも焼き重ねるため切り口が樹木の年輪に似ている．バウムは樹木，クーヘンは菓子を意味する．ザッハートルテはウィーンのオペラ座横のザッハーホテルの店で買える．ウィーン会議時の宰相メッテルニヒがエドワード・ザッハーにつくらせたのが始まりである．発酵生地をリング型に焼き上げ，ラム酒入りシロップをしみ込ませるサバランはフランスの美食家ブリア・サバランにちなんだ名前である．貝殻状型で焼くマドレーヌはバターケーキの一種で，卵，砂糖，バターなどを多く配合し，考案者のマドレーヌ・ポルミエに由来する．シャルロットは型の内側にビスケットやパンを張りつけ，果物，クリームなどを詰めたフランス料理のデザートで，シャルロット王妃の名前が付

いた．イギリスに多いパウンドケーキは小麦粉，砂糖，卵，バターを各1ポンド混合したことに由来し，生地にレーズンを混ぜ，表面をチェリー，アンゼリカ，プラム，レモンピールなどで飾ったものがある．

パイにも生地を成形して焼くパイ菓子や料理の飾り，煮リンゴをパイ皮で包んだアップルパイなどのケーキパイ，魚や野菜料理をパイ皮に詰めたパイ，チキンパイ，ミートパイなど種類が多い．フレンチタイプの折りパイとアメリカンタイプの練りパイがあり，皿形のディッシュパイ，角形のコルネパイ，長方形のアルメットパイ，木の葉形のリーフパイなどがある．イタリア生まれのピッツァ，ロシアのクレビャーカ，中国のスウピンもパイである．シュークリームはキャベツ（chou）形のクリーム入り菓子である．クレープはフランス語でちりめんとか縮みを意味し，16世紀に聖燭祭（2月2日）で焼いて食べたのが始まりで，17世紀に普及した．果物のソースをかけるか，ジャムやクリームを塗るか，果物やチーズを包んで食べる．ハム，加熱処理肉，生や煮た野菜などをマヨネーズやホワイトソースで和えてはさんだり巻いたりすると，料理の一品になる．クレープシュゼットはクレープをバターでソテーし，コニャックを加えたオレンジソースをかけて点火する．

### 4.3.2 原材料の種類と品質

#### a. 小麦粉

ケーキ用には適性がある薄力1等粉を使う．かすてら用には特にソフトさを備えた専用粉がある．クッキー用にも専用粉が作られている．その他の菓子には薄力と菓子用中力の1～2等粉を使う．菓子の種類に応じたタンパク質の量と質の小麦粉を選ぶようにする．

#### b. 鶏卵と油脂

卵黄の約15％を占めるタンパク質には低密度リポタンパク質（LDL）と高密度リポタンパク質（HDL）が多く，LDLは乳化性が強く，HDLは乳濁液を安定化する．卵白の約10％を占めるタンパク質の半分強がオボアルブミンで，起泡性と熱凝固性がある．全卵，卵黄，卵白を殺菌した液卵は8℃以下で流通，保管する．全卵と卵黄の凍結卵にはリポタンパク質の凍結変性を防ぐために砂糖を10～20％加えたものがあり，無糖のものは起泡力が低めである．凍結すると卵

黄がゲル化しやすくなる．液卵か凍結卵を噴霧乾燥したものが乾燥卵で，乾燥卵白ではタンパク質と糖がメイラード反応を起こしやすいので脱糖処理する．乾燥の全卵と卵黄は脱糖しないものが多いが，乾燥によるリポタンパク質損傷で起泡力が低下する．

　ショートニングは固状か流動状で，可塑性，乳化性があり，水分と乳成分を含まない．練り込み用には純植物性のもの，動植物油混合のもの，あるいは硬化油のみの全水添型のものがある．窒素ガスを分散含有し，軟らかくて混合しやすい．二酸化炭素や水蒸気が窒素ガス界面で捕捉されるので，ケーキ内相が均一になりやすい（安田他，1993）．モノグリセリドを10～20％配合した高乳化型ショートニングはケーキなどに使う．サラダ油が主原料で乳化剤を5～10％添加した液体ショートニングは，バタースポンジケーキ連続生産やケーキのオールインミックス法に有用である．バタークリーム用はクリーミング性，酸化安定性があり，口溶けが優れ，無味無臭なので自由な味付けができる．ビスケット，せんべいなどのサンドクリームには酸化安定度が高い硬化油ベースのショートニングを，菓子のフライ用には植物油脂の酸化安定性が高いものを使う．カプセル化した粉末かパウダーショートニングはスポンジケーキ，まんじゅうなどに使え，保存安定性が高く，取り扱いやすくて，生地への分散性が優れ，食感改良効果もある．

　JAS規格はマーガリンを油脂含有率80％以上のマーガリンと80％未満のファットスプレッドに分ける．マーガリンは食用油脂（乳脂肪を含まないか乳脂肪が主原料でないもの）に水等を加えて乳化したもので，可塑性と流動状のものがある．おもにパイに使うロールイン用は延展性と幅広い温度への耐性があり，シート状，ブロック状，ダイス状，ペレット状などの製品がある．通常のマーガリンはW/O（油中水）型だが，O/W（水中油）型の逆相マーガリンは延展性がさらに優れ，パイなどのロールイン用に適する．バタークリーム用はW/O（油中水型）で，クリーミング性，保形性，吸水性，口溶けの良さが特徴で，ケーキのトッピングやサンドに使う．O/W/O型の二重乳化マーガリンはさらにクリーミング性，保形性，保存性を高めたもので，口溶けや風味も良い．シュー用にはマーガリンにカゼインや糊料などを添加したものを使う．ファットスプレッドには食用油脂に水などを加えて乳化し急冷練り合わせした低油分マーガリンと，食用油脂に水などを加えて乳化後，風味原料を加えて急冷練り合わせした可塑性が

ある風味スプレッドがある.

バターには原料乳からの分離クリームを乳酸菌発酵した発酵バターと無発酵バターがあり，それぞれ有塩と無塩がある．無発酵無塩バターが多く，発酵バターも使う．バターは生地を軽く仕上げ，しっとり感と軽いサクサク感を与え，風味を高め，老化を遅らせる．

揚げものには，大豆油，ナタネ油，綿実油，パーム油などを使う．これらは安定性が高く，色やにおいが良くて，熱安定性（コシ）があり，発煙が少ない．

c. 糖類と甘味料

おもにグラニュー糖と上白糖を使うが，和菓子には白双（しろざら），三温（さんおん），和三盆（わさんぼん），黒糖なども使う．砂糖（ショ糖，スクロース）は甘さが上品で，水に溶け，吸湿しにくい．温和条件では褐変やメイラード反応を起こさないが，高熱，長時間加熱，酸性下では分解し還元反応を起こして色と香りに深みを与える．一方，低水分ではべたつき（ナキ）の原因になる．

ブドウ糖（グルコース）には純度 97％ 以上の全糖ブドウ糖と 98.5％ 以上の結晶ブドウ糖があり，結晶ブドウ糖には水分 0.5％ 以下の無水物と 8〜10％ の製品がある．甘味度はショ糖の 60〜80％ だが，低温で高濃度だと甘味度が高い．浸透圧が高く，水分活性や氷点を下げ，結晶の溶解熱は吸熱性である．異性化糖には果糖含量 42％ のブドウ糖果糖液糖，55％ の果糖ブドウ糖液糖，90％ の高果糖液糖がある．甘味度はショ糖より高めで，吸湿性が高く，低水分食品ではべたつきの原因になりやすい．純度 90〜95％ の精製マルトースは低甘味で，水和力が高く，耐酸性がある．粉体は吸放湿に安定で，油脂を吸着して粉体としての流動性を保持し，高い保油性がある．また 120〜130℃ で融解する特性を活用できる．無水結晶マルトースも使われる．トレハロースは上品な低甘味で，非還元性なので褐変や着色を起こしにくい．耐熱性と耐酸性があり，吸湿性が低くて，水和力が高い．

水あめは浸透性が低いので，表面艶出しや組織硬化を抑える効果が期待できる．吸放湿の調節ができ，砂糖やマルトースの結晶析出を抑える．マルトテトラオースを 70％ 以上含む製品がハイマルトテトラオースで，甘味が穏やかで粘度が高い．浸透性が低いので柔軟性と表面保湿状態を保てる．砂糖と水あめの両機能を持つカップリングシュガーはひかえめの甘味で，褐変を起こさず，味を整え，低

う蝕性だが,耐酸性に乏しい.エリスリトール,キシリトール,マンニトール,ソルビトール,マルチトール,ラクチトール,パラチニットなどの糖アルコールは元の糖類に比べて,甘味度,溶解性,耐熱性が高く,pH変化への耐性がある.

　蜂蜜の糖は果糖とブドウ糖が主である.タンパク質,有機酸類,色素化合物,芳香物質,無機物なども少量あり,原料の花によってそれらの成分量は異なる.ワッフル,ホットケーキ,かすてら,どら焼きなどに使い,しっとり感や焼き上がり色の調節効果もある.

　日本で使用できる高甘味度甘味料は天然系の甘草,ステビア,甘茶,羅漢果(らかんか),ソーマチン,モネリン,合成系のアスパルテーム,サッカリン,サッカリンナトリウム,グリチルリチン酸二ナトリウムなどである.ブレンド品,デキストリンなどの混合品,ステビアや甘草に転移酵素を作用させたものなどもある.低カロリー化が図れ,天然系のものには塩辛味や苦味の緩和,素材風味の向上,薬効,防かび作用があるものがある(入谷,2000).

### 4.3.3 製　造

#### a. ビスケット類

　ビスケット類の原料配合例を表4.5に示した.ハードビスケットには薄力か菓子用中力の1～2等粉を使い,ソフトビスケットには薄力1等粉が適する.デンプンを加えることもある.ハードビスケットは少なめの油脂と砂糖,多めの水で

表4.5　ビスケット類の原材料配合例(長尾,1984)

|  | ハードビスケット | ソフトビスケット | クッキー | クラッカー | 乾パン |
|---|---|---|---|---|---|
| 小麦粉 | 100 | 100 | 100 | 100 | 100 |
| 砂　糖 | 20～25 | 30～50 | 50～90 | 0.5～0.7 | 8～10 |
| シラップ | 2 | 2 | — | — | — |
| ショートニング | 18 | 30～40 | 30～50 | 9～15 | 4 |
| 粉　乳 | 2 | 2 | — | — | — |
| 卵 | — | — | 10～30 | — | — |
| 塩 | 0.6 | 1～1.2 | — | 1.5 | 0.7 |
| 膨張剤 | 0.7 | 0.5～0.7 | 0.1～0.5 | 0.5～0.7 | 1 |
| イースト | — | — | — | 0.5 | 適量 |
| 香　料 | 0.1 | 0.1～0.5 | 適量 | — | — |
| 水 | 適量 | 適量 | 適量 | 適量 | 適量 |

4.3 菓　子

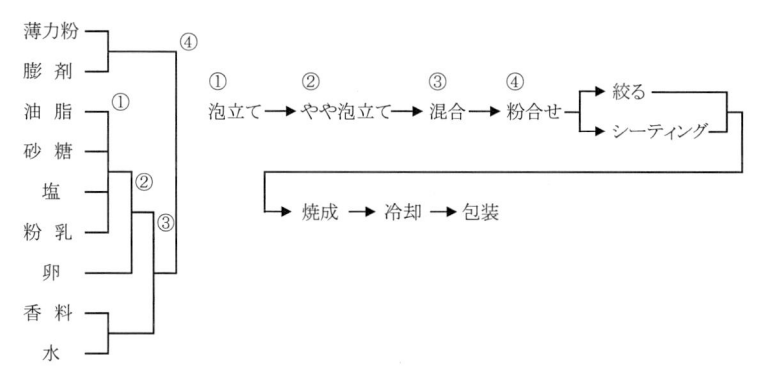

```
薄力粉─┐
膨　剤─┤④          ①      ②      ③      ④     ┌→絞る───────┐
油　脂─┐①  泡立て→やや泡立て→混合→粉合せ─┤              │
砂　糖─┤                                      └→シーティング─┤
塩───┤②                                                  │
粉　乳─┤③      ┌→焼成 → 冷却 → 包装←───────────────┘
卵───┘        │
香　料─┐       │
水───┘
```

**図 4.3**　クッキーの製造工程（長尾，1984）

　グルテンがある程度形成されるように捏ね，ソフトビスケットはグルテンが形成されすぎないように生地をつくる．ねかせて熟成後，成形，焼成，冷却，包装する．クッキーには薄力 1 等粉がよく，専用粉もある．油脂，砂糖，塩，粉乳を混ぜて泡立てし，卵を加えてやや泡立てる．香料と水（または牛乳）を入れて混合し，小麦粉と膨剤で粉合わせをする．生地を絞るか，シーティング後に型抜して成形し，180～200℃ で 10～12 分間焼成して，冷却する（図 4.3）．

　プレッツェルは中力または準強力粉に植物油，塩，イーストなどと水を加え，こねる．短めの発酵後，生地を伸ばすか押出してひも状にし，編んで成形する．薄アルカリ湯に浸して表面を少し糊化し，大粒の塩をふりかけ，オーブンで焼く．

　ソーダクラッカーには準強力粉だけか，中力粉か薄力粉を混ぜる．中種法が一般的で，小麦粉 100 にショートニング 7，イースト 3，適量の水を加え，十分混捏し，27℃ で約 20 時間発酵して中種をつくる．残りの小麦粉 50，ショートニング 4，塩 1.1，炭酸水素ナトリウム（重曹）1.1 を加えて軽めに混捏して生地にし，4～6 時間発酵する．生成した酸を中和するために本捏で比較的多量の重曹を加える．折りたたみ，延展して約 1.5 mm のシートにする．打抜きロールで一辺 50 mm 程度の正方形に型抜きし，塩を適量ふりかけ，前半 300℃，後半 250℃ のバンドオーブンで焼成する（石田，2000）．高周波などの高能率オーブンも用いられる．

## b. 洋生菓子

### 1) スポンジケーキ

2つの生地調製法がある（図4.4）．オールインミックス法は卵100に砂糖70〜80，水20〜25，乳化剤3〜4を加えて泡立てし，薄力小麦粉50〜60を加え，手か低速ミキサーで短時間混ぜる．別立て法では卵100に砂糖70〜80，牛乳10〜15，薄力小麦粉50〜60を使い，まず，卵黄と砂糖の2/3，卵白と砂糖の1/3をそれぞれ別々に泡立てして，この2つを混合し，小麦粉を加えて粉合せ後，牛乳を混ぜる．紙を敷いた焼型に生地を必要量ずつ分注し，180℃で約30分間焼く．冷却後，裁断やデコレーションなどをする．砂糖と卵を増やすと，よく膨らみ，ソフトで口溶けが良くなるが，冷却後に中央が陥没しやすい．粉合せが不十分だと小麦粉の分散が不均一で，卵と砂糖でできた気泡表面に小麦粉が部分的に付着する程度で，内相が不均一ですだちが粗く，ざらつく食感になる．混ぜ過ぎると気泡が壊れ，膨らみが悪い重いケーキになる．種，粉合せ後の生地，牛乳合せ後の生地の比重変化で粉合せを管理する．生地温度は約25℃が最適である（今井，1982；1983）．

ペーストで包まれた気泡は加熱で膨張し，デンプンも糊化して伸び，オーブンで大きくなる．細かい気泡が多いほどよい．加熱初期にデンプンが吸水，膨潤す

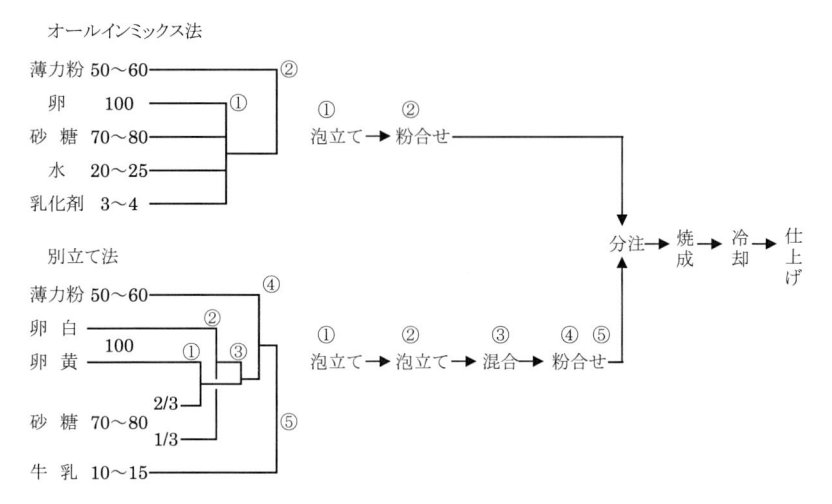

図4.4 スポンジケーキの製法（長尾，1984）

る速度は生地の粘度と安定性に影響する．焼成が進むと生地は懸濁液状から隙間が多い固形に変わり，デンプンの吸水状態がケーキ性状を支配する．デンプンは卵，牛乳，小麦粉タンパク質，砂糖などと水を奪い合うが，必要な水を吸収できないと良い構造のケーキにならない．小麦粉デンプンの形，大きさ，吸水力，糊化性状などが他のデンプンよりケーキに適し，タンパク質も重要な役割を果たす．糊化デンプンが気泡を外側から包んで保護し，タンパク質は糊化デンプン粒子間にあって熱変性して硬化し気泡を守る．捏ね過ぎか，タンパク質が多過ぎるとグルテンが形成されて気泡膨張が妨げられ，体積が小さくなる．小麦粉の脂質は種への小麦粉の均一分散を助け，気泡を均一に取り囲んで，しっとり感を与える．

2) パイ，シュークリーム，クレープ

フレンチタイプ折りパイでは小麦粉（強力粉と薄力粉半々のことが多い）と水でつくる生地を延ばし，直方体の固形バターを包み，延ばしと折りたたみを繰り返す．生地とバター層が交互になるので，蒸発した水分がバター層で逃げ場を失い，生地を層状に浮き上がらせ，独特の食感に仕上がる．アメリカンタイプ練りパイでは小麦粉（薄力粉3に強力粉1くらいのことが多い）にバター（またはショートニング）を切り刻んで混ぜ，冷水を加えてこね，折って延ばすことを数回繰り返す．バターが少なめで膨らみも少ないが，型崩れしにくく，サクッとした食感になる．大形の菓子の台や，詰め物やクリームを流し込んで焼くのに使う．

シュークリームは水とバターを火にかけ，湯が沸騰してバターが溶けてから小麦粉を混ぜ，少し冷めたら卵を加えて天板上に絞り出し，焼き上げ，切れ目を入れてカスタードクリームか泡立てた生クリームを詰める．ポイント第1は，バターを完全に溶かし，小麦粉とバターをなじませ滑らかで適度なグルテンを形成させること，第2は，軟らかくふっくら焼き上げるために適度の温度で小麦粉を加え，デンプンを十分に糊化させ，生地が冷めすぎないうちに絞り出して焼くことである．薄力粉と強力粉を混ぜるのが一般的で，さっくりした食べ口にするには薄力粉を，大きく膨らませるには強力粉を多く配合する．

クレープは薄力小麦粉に卵，牛乳，バターなどを合わせ，流れるような軟らかい生地にし，専用のクレープパンかホットプレートやフライパンの上にそれを絹のように薄く流して，やや強火で手早く焼く．片面にレースのような焼き目ができたら，裏返す．

**c. 和菓子**

　かすてらは一般的には小麦粉：卵：砂糖を1：2：2に水あめと蜂蜜を少量加える．卵をミキサーボウルに入れ，附属ホイッパーで手攪拌し，砂糖を加えて低速で攪拌後，水あめや蜂蜜を入れて中速で攪拌する．しばらくねかせ，小麦粉を加えて手か低速ミキサーで短時間混ぜて粉合せし，少量の水で種の硬さを調整する．紙をセットした木枠に種を入れ，200～240℃のオーブンで約60分間焼くが，この間に，泡切りを3回程度行い，中枠，上天板を重ねたり，上天板をはずしたり，上枠を重ねたりする．

　栗まんじゅう生地は小麦粉100に卵35～55，砂糖50～60，水あめまたは蜂蜜5～15，膨剤0.5～1である．卵をミキサーボウルに入れ，ホイッパーで混ぜる．砂糖，水あめ，蜂蜜，膨剤を加えて攪拌し，小麦粉を入れて低速で混ぜる．栗あんを包み，卵黄にみりんを少し加えたものを上面に塗り，180℃のオーブンで焼く．蒸しまんじゅうでは中力粉100に砂糖65～70，水30～35，膨剤2～2.5を使う．砂糖と膨剤を別々に水に溶かし，これらと残りの水を混合後，粉を加えて軽く混ぜる．必要な大きさに分割し，包あんして蒸す．

　どら焼きの配合例は砂糖100を卵90～100に溶き，蜂蜜10と水あめ8の混合物を加えて混ぜる．重曹0.8～1.5を水25に溶いて混ぜ，水25と小麦粉（中力1～2等粉）100で粉合せする．強力粉を10～20％混ぜると腰持ちが良い．20～60分間ねかし，直径約9cmの型に入れ，170～180℃で焼成する．微温が残る程度まで冷却し，あんを入れ2枚合わせる．

　ソフトかりんとうは強力の2～準2等粉でつくることが多い．小麦粉100に砂糖2，ショートニング0～3，イースト2，塩0.5～1，炭酸水素ナトリウム（重曹）0～0.5，適量の水を加え，ミキシングして2.5～3時間発酵する．ガス抜き，大玉分割，シーティングを行い，切って成形し，170～180℃の油で15～30分間揚げる．油切り，蜜掛け，乾燥を行う．ハードかりんとうでは強力粉に中力粉を配合する．2等粉でよい．砂糖0～3に塩0～1と脱脂粉乳0～3を加えて混ぜ，膨剤（重曹・炭酸アンモニウム）4～4.5と適量の水を加えてよく混ぜる．小麦粉を加えて軽めにミキシングし，10～20時間ねかせる．大玉分割，シーティング，カッティングの後，170～180℃で油揚し，蜜掛けと乾燥を行う．

　瓦せんべいの例は砂糖90～100を卵60～65に溶き，水約10を加えて混ぜ，中

力粉（1〜2等粉）100を合わせ，重曹0.2〜0.4を水約5に溶いたものを加えて，混ぜる．生地を型に入れ，約180℃で片面1.5〜2分間ずつ焼成する．南部せんべいの例は重曹2を水40〜45に溶かし，塩2を加え，薄力または中力粉（1〜2等粉）100を合わせて混ぜ，生地にする．直径3〜4 cmの棒状に伸ばし，長さ2〜3 cmに切断して，めん棒で平らに延ばす．型に入れ，200〜220℃で約10分間焼成する．

**d. 品質保証**

目的の品質の製品を安定的に効率よく製造できる設備を持ち，それを活用した管理をし，異物混入，微生物増殖，害虫混入などの衛生問題にも対応する．トレーサビリティも重要なテーマである．食品衛生法，JAS法，計量法，公正競争規約の規格や表示制度に準拠した製品を販売する必要がある．

## ❮ 4.4 調 理 ❯

小麦粉は調理に欠かせない材料で，小麦で栄えた文化の土地では多様な使われ方がある．日本でも第二次世界大戦以降，小麦粉による多くの調理加工品が開発され，小麦粉を用いた料理が普及して家庭でも多く食べられるようになった．その後，家庭で調理していたものの多くが商業ベースで製造，販売されるようになり，家庭では購入した完成品をそのまま食べるか，素材として買って途中から調理することも増えた．また，家庭で調理していたものが食堂やレストランで提供され，外食の機会も増えた（表4.6）．

### 4.4.1 てんぷら

天ぷらという言葉の由来には諸説あり，ポルトガル語の「テンペロ」（調理）がなまったとか，宣教師が伝えた寺（テンプル）料理から来ているとか定説がない．いずれにせよ，16世紀に南蛮船が持ち込んだ料理が日本的にアレンジされたものである．

揚げるコツは「①粉，②たね，③油」といわれる．たねと油の間に高水分の壁をつくり味が逃げないようにし，カラッとした食感に仕上げるために，衣をつける．揚げる直前に冷水か卵入り冷水中にふるった薄力粉を入れ，粘りが出ないよ

**表 4.6　調理で小麦粉が利用される状態，加熱方法，おもな調理加工品（長尾，2011）**

| 小麦粉が利用される状態 | | 加熱方法 | 調理加工品 |
|---|---|---|---|
| 生地 | 生地そのもの | ゆで | めん，すいとん，ダンプリング |
| | | 焼き | パン，ケーキ，ホットケーキ，シュー，クッキー，チャパティ，ピザ |
| | 生地で他の材料を包む | ゆで | 餃子 |
| | | 蒸し | 餃子，シュウマイ，まんじゅう |
| | | 焼き | 餃子，パイ |
| バッター | バッターそのもの | 焼き | クレープ |
| | 他の材料を包む | 焼き | たこ焼き |
| | | 揚げ | 天ぷら |
| | 他の材料と混ぜる | 焼き | お好み焼き |
| 糊状 | 増粘剤またはつなぎ剤 | | ソース，スープ，フラワーペースト |
| パン粉 | | 揚げ | フライ |
| グルテン | | | 生麩 |
| 粉 | 粉そのもの | | ムニエル，手粉 |
| | 粉を加工 | 炒り | ルー |

うに太めの箸で手早く軽く混ぜる．天ぷら粉にはデンプンなどが混ぜてあり，粘りが出にくく，カラッと揚げやすい．

　一定温度を保つために油をたっぷり使い，一度に多く揚げない．魚は180℃，野菜は170～175℃くらいがよく，すぐ油を切り，重ねて置かない．加熱しすぎると硬くなるイカやエビは揚げ温度を高くし，短時間で油と水を入れ替える．サツマイモなどは低めの揚げ温度で時間を十分かけ，中が軟らかく，からっとした衣にする．時間経過とともに水分が均一になるように移動し，カラッとした食感ではなくなるので，揚げた直後に食べるようにする．

### 4.4.2　ムニエルとフライ

　ムニエルでは，下ごしらえした魚に塩，コショウをふって少し置き，水気を拭き取ってから薄力粉をまぶす．シタビラメのような身が薄くて脂肪が少なめの魚がムニエルに向くが，サバ，サンマ，イワシのような味がやや濃い魚でも小麦粉をまぶすと美味しいムニエルになる．魚のうま味成分や脂肪は熱が加わると溶け

出すが，表面にまぶした小麦粉が中から滲み出す水分やそれらの成分を吸う．小麦粉が水分を吸って加熱されると，デンプンが糊化して膜のようになり，吸った成分が外に逃げるのを防ぐ．ムニエルはフランス語の à la meunière（粉屋風）から来ており，「魚肉が粉まみれになる」という意味がある．

　フライをつくるとき薄力粉をまぶしてから衣をつけるのも，同じ作用を期待する．小麦粉は魚肉の身崩れを防ぎ，油によって炒められて生じた小麦粉の香ばしい香りが魚の味を引き立てる役割もする．ただし，魚に小麦粉をまぶして長時間置くと滲み出た水分で小麦粉がべとべとになり，フライパンなどに付着しやすく，味も悪くなる．小麦粉が厚くつかないように余分の小麦粉を軽くはたき落とし，なるべく早く炒めたい．

### 4.4.3　ルーとソース

　バターかサラダ油と小麦粉を 1:1〜1.5 の割合で炒めたものがルーで，牛乳やブイヨンを加えて均質に延ばし，ソース，スープ，西洋風煮込み料理の濃度づけに使う．サラダ油よりバターの方が味，香り，総合評価の点で優れている．バターと小麦粉の場合には 1:1 が操作しやすく，風味がよくなる．サラダ油では 1:1.5 くらいが油脂の分離が少ない．工業的製造ではサラダ油を用い，配合と製法を工夫している．最終加熱温度が 120〜130℃ のホワイトルー，140〜150℃ の淡黄色ルー，180〜190℃ のブラウンルーがある．

　ふるった小麦粉とバターを混ぜて団子状にしただけの「ブールマニエ」はルーより簡便な増粘剤である（和田, 1994）．炒めると風味が増し，分散性がよくなる．粘性は小麦粉のデンプンによるが，水分が少ないので 120℃ 近辺で少し糊化する程度で，130℃ 以上ではグルテン変性も加わって粘性が低下する．低めの温度で炒めると冷却後の粘性が高い．

　ルーを低い温度に冷却するほど，それからできるソースは粘性が高くて流動性が少ない．なめらかなベシャメルソースをつくるには 120℃ で炒めたルーを 80〜30℃ に冷却し，60℃ に温めた牛乳とあわせる（茂木他, 1983）．

### 4.4.4　クスクス

　北アフリカではセモリナを加工したクスクスを主食として週に 2〜3 回食べる．

主としてデュラム・セモリナを使うが，普通小麦のセモリナも使う．クスクスは家庭でつくり，1年中食べられるように夏に天日乾燥で水分を飛ばし乾燥しておく．1979年にチュニジアで初めて工業製造されるようになったが，伝統的なつくり方を大規模にしただけである．セモリナと水をミキサーで混ぜ，水分が30～40％の均一なソボロ状にする．デタッチャーに入れてほぐし，120℃の蒸気で4分間蒸す．大きな塊をほぐし，水分が10～12％になるまで乾燥し，ふるいで細，中，粗粒に分ける．市販品は中粒が多い．

クスクス調理には蒸し器に似たクスクス鍋を使う．2段重ねで，上段の底に小さな穴が多く開いている．下の鍋でスープを煮ながら，それから出る蒸気で上の鍋に入れたクスクスを蒸し，うまみを浸み込ませる．クスクスは味が淡白なので，いろいろなソースが合う．肉や魚をトマトで煮たものが多いが，レストランや家庭では味を工夫したスープがつくられる．フランス料理の付け合せにもクスクスを使うことがある．

### 4.4.5 小麦粉が素材のその他の調理

手打ちでうどんやそばをつくるか，ゆでめん，乾めん，ゆでパスタ，乾燥パスタ製品などを購入して，家庭で各種のめん料理をつくることができる．餃子やワンタンの皮はかつては家庭でつくっていたが，現在では既製品の皮を購入して使うことが多くなった．家庭でもロールパンや菓子パンづくりを楽しめ，自動パン焼き器の普及で食パンもつくれるようになった．ホットケーキ，パンケーキ，マフィン，ピザ，お好み焼きなどはプレミックスから手軽につくれる．

## ❖ 4.5 その他の加工品 ❖

### 4.5.1 プレミックス

#### a. 種類と原材料

プリペアードミックス（プレミックス）は原材料を混ぜたもので，水，その他の必要な副材料を加えるだけで安定した品質の加工品を簡便につくれる．計量や配合ミスがなく，省力，省スペースの利点がある．合衆国で1848年に小麦粉に酒石酸と炭酸水素ナトリウムを混ぜたセルフライジングフラワーが発売され，

表 4.7 プレミックスの種類と製品例（長尾，2011）

| 用 途 | タイプ | 製品例 |
|---|---|---|
| 調理用ミックス | 生地として使うもの | ピザミックス，餃子ミックス |
| | バッターとして使うもの | お好み焼き粉，たこ焼きミックス，フライ用バッターミックス，ホットドッグミックス |
| | 被覆材として使うもの | 天ぷら粉，から揚げ粉，フライドチキン用ブレッダーミックス |
| ベーキングミックス | 酵母の発酵で膨らませるもの | イーストドーナツミックス |
| | 化学膨剤の力で膨らませるもの | ケーキドーナツミックス，ホットケーキミックス，パンケーキミックス，クレープミックス，ワッフルミックス，クッキーミックス，蒸しパンミックス，どら焼きミックス，たい焼きミックス |
| | 卵の起泡力で膨らませるもの | スポンジケーキミックス，バターケーキミックス，エンゼルフードケーキミックス，シフォンケーキミックス，蒸しケーキミックス |
| | 膨張させないもの | パイクラストミックス |

1800年代後半からパンケーキミックスなどの需要が伸びた．日本では1931（昭和6）年発売のホットケーキの素が草分けで，昭和30年代初めからホットケーキミックスの簡便さが消費者に受け，食生活の洋風化とともに普及し，多種類の家庭用ミックスに発展した．業務用は昭和40年代から普及したが，冷凍生地の技術開発や使用範囲の拡大によって需要の一部を奪われている．

プレミックスは業務用と家庭用，調理用とベーキングミックス（パン類とケーキ類ミックス）に分類できる（表4.7）．輸入関税の分類では加糖と無糖ミックスに分ける．年に約38万t生産され，業務用が約77%，残りが家庭用で，加糖ミックスが約60%，残りが無糖ミックスである．

用途に最適の小麦粉を使う．コーンフラワー，米粉，大豆粉などは粒度を調整する．全粒粉は変質が速いので要注意である．デンプン（コーンスターチ，小麦デンプン，タピオカデンプン，化工デンプンなど）を使うことも多い．油脂はショートニング，液体油，粉末油脂などから最適のものを使う．ケーキミックスでは油脂と砂糖の組合せでクリーミング性が良くなり，体積が大きく，食感がソフトになる．油脂が多過ぎるとプレミックスの流動性，機械適性が低下する．糖としてのグラニュー糖，上白糖，ブドウ糖，粉末水あめなどは甘み付与，酵母の栄養源，

着色，保湿などの作用がある．ベーキングパウダーの成分は炭酸水素ナトリウム（重曹）と酸性剤で，加工性や味に影響する．脱脂粉乳は，焼色，食感に影響し，生地やバッター中で緩衝作用をする．塩は味と生地の物理性に影響し，発酵抑制作用がある．乳化剤は乳化，起泡，老化防止などの効果がある．卵粉（全卵粉，卵黄粉，卵白粉），着色料，香料，香辛料なども使うが，用途に合う適性が高いものを選ぶ．

### b. 製 造

ミックスの製造工程は原料処理，計量，混合，ふるい分け，計量，包装からなる．ケーキドーナツミックスは約65％が薄力1等粉，約25％が砂糖で，脱脂粉乳3％，ショートニング3％，卵黄粉末2％，ベーキングパウダー2％，塩0.5％，香料を少量加える．イーストドーナツミックスには準強力粉を72〜73％使用する．生地の伸展性を良くし，ソフトな食感にするため，乳化タイプのショートニングを約10％配合する．ショートニングは老化防止効果もあり，必要な品質をつくりやすい融点のものを使う．約9％配合する砂糖は溶けやすいので粒子が細かいグラニュー糖を使うが，揚げ色調整のためにブドウ糖併用もある．脱脂粉乳4％，塩1.5％，ベーキングパウダー0.5％，イーストフード0.5％と少量の香料を加える．ミックス使用時に水とイーストを加えるが，卵を加えてもよい．

スポンジケーキミックスは薄力1等粉と砂糖をそれぞれ約45％に，小麦デンプンを7〜8％，ベーキングパウダー1％，乳化剤1％，香料を少量加える．ホットケーキミックスは薄力1等粉を約72％使用し，コーンフラワーを約2％加える場合もある．砂糖を約13％，ブドウ糖を約4％配合する．砂糖は粒子が細かいグラニュー糖が適する．ブドウ糖は焼き色と食味を良くする．脱脂粉乳2％，全卵粉末2％，ショートニング2％，ベーキングパウダー2.5％，食塩0.5％などを配合し，香料と色素を加える．

天ぷら粉は薄力1等粉にコーンスターチなどのデンプンを約10％加えることが多く，その種類で微妙な食感の差を出せる．ベーキングパウダーを約1％加えると，水分蒸発を促進し，軽い食感になる．種からころもへの水分移行を抑えるため，全卵粉末を約0.5％配合する．色素，塩，調味料などを加える場合もある．お好み焼きミックスは薄力粉85％，トロロイモ粉約5％，塩2％，砂糖2％，卵白粉2％，調味料2％，ベーキングパウダー1.5％，香辛料0.5％を配合し，色

素を少量加える．

　製造過程では，小麦粉と砂糖はばらで，油脂の多くは固型ショートニングの形で入荷する．異物混入と品質を確認する．保存性が求められる家庭用ミックスやドライイースト混入のパンミックスでは，粉体原料をミックスとしての限界水分まで乾燥処理し，必要量を迅速に自動計量する．混合は主としてバッチ方式の各種ミキサーで行う．油脂以外の粉体原料を混ぜた後，溶解したショートニングをミキサーのスプレーノズルから霧状に噴霧して添加する．添加したショートニングを小粒子の状態に分散しサラサラにするために，エントレーター，ハンマーミル，仕上げミキサーなどを使い，最終段階でふるう．

　完成した製品を計量，包装する．家庭用はラミネートしたグラシン紙などの中袋に充填し，ヒートシールをしてカートンに入れる．業務用には数層のクラフト紙が使われ，ショートニングを多く含む製品にはラミネート紙，吸湿しやすい製品には最内層にビニール袋を用いる2重包装にする．虫の侵入と吸湿を防げる素材を使用する．製品の加工性と衛生検査を行う．

### 4.5.2　フラワーペースト

　小麦粉が主原料の味付けフラワーペーストは，パンや菓子に包みこむか表面に塗布する．小麦粉，デンプンが主原料で砂糖，油脂，粉乳，卵等を加えて加熱殺菌するフラワーペーストミルク，チョコレート（またはカカオ），小麦粉，デンプンが主原料で砂糖，油脂，粉乳等を加えて加熱殺菌するフラワーペーストチョコレート，ナッツ類とその加工品が主原料で，砂糖，油脂，小麦粉等を加えて加熱殺菌するフラワーペーストピーナツなどがあり，年に約7万t生産される．

### 4.5.3　パン粉

　パン粉は年に約15万t製造される．乾燥程度で生パン粉，ソフトパン粉，ドライパン粉があるが，ソフトパン粉が主流である．その特徴は，さっくりした大きなパンの破片で，比容積も大きく，口当たりが良い．色が冴えて光沢があり，乾燥し，比容積が大きいものが良品である．比容積が大きいと揚げ物での吸油が少なくて軽く揚がり，食味，食感が良い製品をつくりやすい．冷凍食品用としては菌数が少ないことが要求される．

食パンと似た工程でパンをつくり，冷却，粉砕，乾燥，粒度調整，秤量，包装する．小麦粉100，イースト2〜3，イーストフード0.1〜0.2，塩1.5〜2.0，水適量で，砂糖（0.5〜1.5）や油脂（1.5〜2.0）を少量使う．中種法と直捏法の場合がある．オーブンを使う焙焼式と電極式パン焼き機による通電式があり，通電式は表面に焼き色がつかず，白いパン粉ができる．生パン粉は風味が良いが水分活性が高いので，特殊包装をし，低温流通などを行う．強力2等粉を多く使うが，中力や薄力の2等粉を配合するとソフトさが増す．

### 4.5.4 デンプンとグルテン

#### a. デンプン

マーチン法の改良法で小麦デンプンを採取する工場が多い．小麦粉と水を十分に捏ねてグルテンを形成し，水和後，水洗いしてグルテンからデンプンを分離，精製して，上級と下級デンプンを分離する．バッター法では多めの水を加えてバッターにしてグルテンとデンプンを分離する．

小麦デンプン（浮粉，しょうふとも呼ぶ）は繊維，紙，段ボールの接着，サイジング，水産や畜肉練り製品，菓子，めんの打ち粉，医薬，生分解性プラスチックなどに利用する．化工デンプン，糖化，醸造用にはあまり使われない．JASでは魚肉ソーセージに結着補強剤として10％まで，ケーシング詰めかまぼこでは練りつぶし肉の8％まで，プレスハムではつなぎ剤として他材料と合わせて3％まで使用できる．関西のかまぼこにはソフト感を出すために小麦デンプンが多く使われる（遠藤，1995）．小麦デンプンは加熱中の粘度変化が比較的少なく，老化しにくい．その糊はやや耐塩性と耐酸性がある．

市販小麦デンプンの品質はさまざまで，粒度や純度によって特上，特等，1等，並（2）等などと呼ぶ．強力の2〜3等粉を使うことが多いが，小麦の種類でデンプンの性質が異なるので，品質を重視する場合には用途に適した小麦粉を選ぶ．

#### b. 活性グルテン

分離したグルテンは，生か急速冷凍して，焼麩や水産練り製品に使う．還元剤処理することもある．乾燥粉末状の活性（バイタル）グルテンはパン，めん，畜肉ソーセージ，水産練り製品，健康食品などに使われる．直接乾燥法と分散乾燥法があって，前者には真空乾燥法，気流乾燥法，バンド乾燥法があり，後者にも

ドラム乾燥法と噴霧乾燥法がある（遠藤，1980）．タンパク質が多い小麦が生産されない国では，活性グルテンをパン製造で配合して小麦粉の力の弱さを補う．グルテンを塩酸などで加水分解してアミノ酸化し，液体，粉末状あるいは顆粒状の加水分解植物タンパク質（HVP）にしたり，物理的性質を活用して新タンパク食品としても利用される．

### 4.5.5 麩

小麦グルテンでつくる麩は伝統的な料理素材で，植物性タンパク質食品として栄養的に価値が高い．小規模な工場でつくられる場合が多い．市販品の多くが焼麩だが，生麩もある．焼麩はローカル色豊かで，山形県庄内地方の庄内麩（板麩），山形県東根市や長井市の車麩，新潟県の車麩と白玉麩，京都の京小町麩，花麩などが有名である．小麦粉からデンプンを分離してグルテンを得ていたが，専門の工場で採取した冷凍グルテンを購入し，必要に応じて解凍して使う工場が多くなった．グルテンに小麦粉（合せ粉）を加え，十分に混捏する．車麩の合せ粉としては強力または準強力の2～3等粉を使い，庄内麩や白玉麩には中力2等粉か，これに強力または準強力の2～3等粉を混ぜる．焼麩の種類で合せ粉の量が違うが，生グルテン1に対して0.5～1のことが多い．膨剤を少し加えることもある．捏ね上げた生地を適当な重量に分割し，しばらくねかせた後，水に漬けてから成形する．専用の回転式または固定式の窯に成形した生地をセットして焙焼し，冷却，包装する．金魚麩のように，グルテンをそのまま成形し，焙焼して製品にするものもある．

生グルテンに少し加工した生麩は料理屋で使われ，各地に特徴のあるものがある．代表的なものとしては，生グルテンに少し小麦粉か餅粉を入れ，さらに，アワ，ソバ，ヨモギなどを混ぜた京生麩，生グルテンをゆで，冷水におろした津島麩などがある．

### 4.5.6 合板用接着剤

合板の接着に尿素樹脂などに末粉を混ぜた糊を使うことが多い．原料板の性状やつくる製品の品質，特に耐水性要求度によって，使う樹脂と小麦粉配合率が異なる．樹脂100に対し小麦粉20，水10くらいで接着剤（グルー）をつくる場合

から，樹脂の2倍くらいの小麦粉と，小麦粉の2倍くらいの水を加える場合まである．グルーには硬化剤として塩化アンモニウムなどを加える．ミキサーで材料を混ぜ，ペースト状にする．ロールで板の表面に均一に塗布し，板を重ね合わせて加熱しながら加圧する．板と板の間の樹脂液が厚すぎると，時間の経過とともに老化するおそれがあるが，小麦粉によって粘度を調整できるので樹脂液が薄く広がり，老化防止に役立つ．合板用小麦粉には抱水力が大きく，水と混ぜてつくったペーストの粘度が常温でも高く，粗い粒子があまり多く混ざっていないものがよい．一般的には，灰分が1.5～2.5％の末粉が適する．

### 4.5.7 その他

昔は障子紙を貼るときに小麦粉の糊を使っていた．陶磁器などがこわれたときの接着に用いる糊として小麦粉を生漆に混ぜた麦漆(むぎうるし)があり，接着力が強い．画家が木炭画を描き直すときに食パンの中身で消すこともある．チベットでは，小麦粉を水で練った生地をじゅうたんにたたきつけ，小さいごみをくっつけて取り除くことも行われているという．

中国・明朝時代の薬学事典『本草綱目(ほんぞうこうもく)』には，小麦粉製の膏薬(こうやく)のつくり方が記されている．背中のおでき，無名のできもの，熱を持ったはれものなど，何にでも「効あること神の如し」だという．

小麦粉を使って粘土をつくることもできる．

## 4.6 小麦粉加工品の今後

　小麦粉加工品は食生活の中で重要な位置を占めるので，製造工場，流通段階，および販売店を通して品質管理や安全管理を徹底し，消費者の健康な生活に積極的に貢献でき，おいしくて，安心して食べ続けることができる安全な商品でなければならない．「小麦粉加工品を食べると太る」などという誤った情報や，炭水化物摂取を軽視する一部の風潮に対しては，科学的に正しい知識の普及・啓蒙活動が必要である．また，消費者ニーズや生活パターンの変化に対応した，できれば変化を先取りするような商品も市場は求めている．

　パンはさまざまな機会に食べることができるので普及したが，これまであまり

## 4.6 小麦粉加工品の今後

食べられていない夕食でも食べてもらう工夫や努力が一部で行われている．それを成功させるためには，夕食に向く商品の開発，パンを中心としたメニュー提案などが必要である．消費者の好みは多様化しており，パンの分野でも，できたてやおいしさ（見て，触って，食べて）を求めるグルメ志向，昔懐かしい形や味，伝統的なものへの回帰志向，手づくり感覚や技術的な工夫が目に見えるものを好む傾向などが混在しており，それらに対応する商品が期待されている．一部の消費者はおいしさを保ちながらも買いやすい価格の商品を求める．食物繊維やビタミン源としてだけでなく総合的な栄養食品としての小麦全粒粉パン，機能性素材を添加したパン，グルテンフリーパンや糖尿病対応パンなどの医療パンなども，ニッチ市場だが今後注目されると思われる．手作りベーカリー，冷凍生地を焼成して販売するベーカリー，中規模のパン工場，および大規模な自動化製パン工場が混在する．企業の形態と規模に応じた新商品開発や技術革新が期待されるが，他分野技術の導入や新素材の活用も見逃せない．

めん全体では需要が着実に伸びてきたが，品目による増減が大きい．消費者は，単においしいだけでなく，地元産品を原材料とする商品，手づくり感覚の商品，技術的工夫が目に見える商品，おいしくて買いやすい価格の商品なども求めている．魅力的な食べ方の提案も期待される．めんは機能性素材などの配合には適さないが，医療食としての可能性はある．工場規模は大きな差があり，工程も手づくりに近いものから大規模な自動化ラインまでさまざまである．技術レベルもさまざまだが，伝統的な製法を活かしながら，生産性と製品品質の向上を追求する必要がある．

菓子は生活に潤いを与え，楽しい語らいや祝いの席に不可欠である．食事と間食の境界があいまいになり，食事に近い菓子の消費が拡大する可能性もある．商品開発や食べ方の提案による消費拡大も考えられる．ダイエット志向，少子高齢化による消費量減，消費者の甘味離れ，高カロリーで高脂肪食品というイメージが当てはまる商品の今後などに懸念材料はあるが，商品開発などで菓子の新しい消費構造をつくり出すことも考えられる．不足が懸念される食物繊維，ミネラル，ビタミンなどを，食べやすい菓子を通して摂取することも1つの方向である．花粉症，腰痛，肩こり，目の疲労などに関連する機能性食品素材の活用によって，おいしいものを楽しく食べながらそれらの症状を軽減できる商品があったら素晴

らしい．各種栄養素をバランスよく含む総合栄養食品的な商品も期待される．手づくりから自動大型ラインまで，製造工程はさまざまである．手づくり工程では，問題ない工程は機械化してもよいが，手づくりの良さは残すべきである．自動化大型ラインでは，幅広い技術の導入による生産効率の追求と並んで，高品質で衛生的に優れた製品を作り出す努力が求められる．

## 文　　献

遠藤　明（1995）．改訂小麦粉製品の知識（柴田茂久他編），pp. 271-285，幸書房．
遠藤悦雄（1980）．小麦蛋白質－その化学と加工技術，pp. 137-153，食品研究社．
今井　茂（1982）．ジャパンフードサイエンス，**21**(11)，60-65．
今井　茂（1983）．ジャパンフードサイエンス，**22**(11)，23-29．
入谷　敏（2000）．菓子の事典（小林彰夫他編），pp. 66-103，朝倉書店．
石田邦雄（2000）．菓子の事典（小林彰夫他編），pp. 425-449，朝倉書店．
茂木美智子ほか（1983）．調理科学，pp. 100-111，建帛社．
長尾精一（1984）．小麦とその加工，pp. 242, 244, 246-247，建帛社．
長尾精一（2011）．小麦粉利用ハンドブック，pp. 228-229, 253, 276, 312, 319，幸書房．
和田淑子（1994）．植物性食品Ⅰ（島田淳子他編），pp. 105-118，朝倉書店．
安田耕作ほか（1993）．新版油脂製品の知識，pp. 147-299，幸書房．
横塚章治（1992）．調理科学，**25**(1)，47-50．

# 索　引

## 欧文

1CW　30, 96
1Dx5 サブユニット　52
1 等粉　97
2 倍半数体　10
4 倍性野生種　1
60% 粉　45
7S グロブリン　55

AACC International　38
*Aegilops tauschii*　10
ASW　25, 32, 96
"a" 対立遺伝子　54
A 粒　56
B タイプサブユニット　52
B 粒　56
C タイプサブユニット　52
DNA マーカー　9
DNS　27, 96
D タイプサブユニット　52
"d" 対立遺伝子　54
E マーク商品　152
*Fusarium* 属菌　107
Gamenya　32
GI　110
HDL　155
HMW-GS　50, 51
HRW　28, 96
ICC　38
JAS 規格　152
LDL　155
LMW-GS　50, 51
LMW-i タイプサブユニット　53
LMW-m タイプサブユニット　53
LMW-s タイプサブユニット　53
NIR 法　44
Osborne の古典的分画法　48
SH 基　121
S-S 基　121
WC　28
WW　28, 96
*Wx* 遺伝子　57
X 線回折図　59
x タイプサブユニット　51
y タイプサブユニット　51
$\alpha$-アミラーゼ　20, 28, 66, 109, 115
$\alpha$-アミラーゼインヒビター　55
$\alpha$ 化　151
$\alpha$ 種法　143
$\alpha$-トコフェロール　18, 72, 128
$\beta$-アミラーゼ　54, 67
$\beta$-カロテン　72

## あ　行

赤かび粒　107
赤小麦　19
上り粉　88
秋播性　9
アグルチニン　56
アスコルビン酸　70, 121
アスコルビン酸オキシダーゼ　70, 122
アスパラギン酸　47
アスパラギン酸ペプチダーゼ　68
アタ　98
アトピー性皮膚炎　77
アナフィラキシーショック　77, 107

油揚げ　151
アミノ酸スコア　76
アミノ酸組成　46
網目状組織　101
アミラーゼ　20, 28, 54, 66, 67, 109, 115
アミラーゼインヒビター　55
アミログラフ　59, 113
アミロース　57
アミロース含量　57
アミロペクチン　57, 66
アメリカ産小麦　26
アメリカの小麦粉　97
アラビノキシラン　61
アリューロン層　14, 17
アルギニン　47
アルキルレゾルシノール　74
アルゼンチン産小麦　33
アルブミン　48, 54
アルベオグラフ　112
アレルギー　77, 107
安全管理システム　92
アンバー　19, 29
あんパン　51, 35

イギリス小麦　8
イギリスの小麦粉　97
育種　9
石臼　2
萎縮粒　21, 40
イースト　138
イーストドーナツ　136, 154
イーストドーナツミックス　168
異性化糖　138, 157
イタリアの小麦粉　98
一粒系小麦　7, 8
一般生菌数　104

遺伝子　6, 9
遺伝子組換え小麦　107
遺伝子銃法　10
異物　20, 40, 85
色　98, 108
イングリッシュマフィン　135
インド産小麦　34
インドの小麦粉　98

ウエスタン・ホワイト小麦　28
ウェットグルテン　110
浮粉　170
うどん　101, 145, 149
うどん粉　95
売渡価格　24

穎果　12
エキステンソグラフ　110
液種生地法　142
エージング　102
エステラーゼ　68
エチルアルコール　148
エネルギー源　75
エンマー小麦　1, 8, 46

オオコクヌスト　105
大麦めん　146
オーストラリア産小麦　30
オーストラリア・スタンダード・
　　ホワイト小麦　25, 32
オーストラリア・プライム・ハー
　　ド小麦　32
オリゴ糖　61, 67
オールインミックス法　160
オレイン酸　77
オンライン管理　92

　　　　か　行

灰化法　42, 109
カイザーロール　134
海藻めん　146
害虫　35, 104
外皮　14
外皮色　14
灰分　42, 109

カクムネヒラタムシ　105
加工適性　115
菓子用粉　96
カザフスタン産小麦　34
菓子　152
菓子パン　135
過熟成　103
加水　86
加水分解植物タンパク質　171
かすてら　154, 162
硬焼きパン　134
カタラーゼ　70
合衆国産小麦　26
活性グルテン　170
活性粒結合デンプンシンターゼ
　　60
カップリングシュガー　157
滑面ロール　89
カナダ・ウエスタン・アンバー・
　　デュラム小麦　30
カナダ・ウエスタン・エクスト
　　ラ・ストロング・レッド・
　　スプリング小麦　30
カナダ・ウエスタン・レッド・
　　スプリング小麦　30
カナダ産小麦　30
加熱による生地変化　124
果皮　14, 17
かび　35, 104
かび毒素　35, 107
かび粒　21
カラー・バリュー　108
かりんとう　154, 162
カロテノイド　72
皮性　7
韓国の小麦粉　98
かん水　147
乾燥卵　156
カンペステロール　73
甘味度　157
甘味料　158
乾めん　144, 150

規格　152
キサントフィル　72

生地　100, 120
生地形成　143, 148
きしめん　145
キシラナーゼ　67
きたほなみ　25, 96
気泡　122
起泡力　155
きょう雑物　20, 38, 85
強力粉　96
極性脂質　36, 65, 65
切り刃　149

クスクス　165
クッキー　152, 159
　　——の品質評価　120
クッキー試験　119
クラスター　58, 152
グラニュー糖　157
クラブ小麦　9, 28, 32
グリアジン　48, 50, 100, 120,
　　125
グリアジン／グルテニン比　54
クリーズ　12
グリセロホスファチジルコリン
　　74
グリッシーニ　134
グルコース　61, 66, 138, 157
グルコマンナン　62
グルタチオン　70
グルタチオン・デヒドロアスコ
　　ルビン酸塩酸化還元酵素
　　70
グルタミン酸　47
グルテニン　48, 51, 100, 120
グルテニン重合体　123, 125
グルテリン　48
グルテン　100, 120
グルテン指数　110
グルテンタンパク質　48
グルテン量　110
グレーディング　89
クレビヤーカ　155
クレープ　155, 161
グロブリン　48
黒穂病粒　20

# 索　引

クロワッサン　135

鶏卵　155
ケーキ　101
ケーキドーナツ　154
ケーキドーナツミックス　168
ケーキ用粉　97
結晶ブドウ糖　157
月餅　154
ゲノム　6
ゲノム間雑種強勢　10
ケルダール法　43
健全度　41, 109

高アミロース小麦　58
硬質（系）小麦　14, 18, 26, 55
光周性　9
酵素　66
酵素インヒビター　66, 70
構造破壊　59
酵素活性　109
硬度　14, 41
硬度遺伝子座　18
合板用接着剤　171
高分子量グルテニンサブユニット　50, 51
高密度リポタンパク質　155
糊化　102
糊化開始温度　60, 113
糊化性状　113
糊化特性　59
国内産小麦　24
コクヌストモドキ　104
穀物害虫　36
コシ　101
国家貿易　24
コッペパン　5
粉採取率　21
糊粉層　14
小麦　6
　——に求められる品質特性　22
　——のゲノム　6
　——の栽培技術　10
　——の生産地　22

　——の生産量　5, 22
　——の染色体数　7
　——の品質評価法　38
　——の貿易量　5, 22
　——の輸入量　23
小麦粉　95
　——原料配合　84
　——の熟成　102
　——の種類　95
　——の賞味期限　104
　——の貯蔵　103
　——の品質評価法　108
　——の平衡水分　100
小麦粉加工食品　41, 33
小麦粉系菓子　152
小麦デンプン　170
小麦粒
　——の物理特性　12
　——の成分組成　16
　——の内部構造　14
米粉めん　146
コリン　74
混合ぶすま　129
コンシストグラフ　113
コンディショニング　86

## さ　行

細菌　104
最高粘度　59, 113
サイジング　90
細胞壁多糖類　61
砕粒　40
殺菌剤　11
ザッハートルテ　154
さとのそら　26
サドルカーン　2
サバラン　154
サブユニット　50
サワー種法　143
サワードウ　133, 143
酸化還元酵素　69
酸化グルタチオン　70
酸化剤　121
酸性生地　133, 143
産地品種銘柄　24

酸度　109
サンドイッチ　135
酸敗　65
サンプル等級　26
残留農薬　106

直捏生地法（直捏法）　139
ジガラクトシルジグリセリド　65
自給率　23
示差走査熱量測定　60
脂質　62, 77, 99
脂質転移タンパク質　56
システイン残基　52
システインペプチダーゼ　68
ジスルフィド結合　50
ジチロシン橋かけ結合　53
シトステロール　73
シフター　88
脂肪酸価　36
脂肪酸度　41, 109
シャープ　89
シャルロット　154
重合リン酸塩　147
臭素酸カリウム　122
熟成　102
シュークリーム　155, 161
シュトーレン　135
受粉　11
準1等粉　97
純化ミドリングス　90
準強力粉　96
準硬質小麦　18
小花　7, 11
消化速度　75
条溝ロール　89
硝子質　14, 18
硝子率　40
小穂　7, 11
焼成　124, 143
上白糖　157
消費期限　152
商標登録　152
子葉部　14
賞味期限　152

# 索引

食塩　137
食パン　133
　——の品質評価基準　116
食パン試験　115
食物繊維　78, 109, 129
食用消費量　23
ショ糖　138, 157
ショートニング　138, 156
飼料用小麦　6
シロガネコムギ　26
白小麦　19
真空ミキサー　149
ジンサンシバンムシ　106
伸張抵抗　111
伸張度　111

穂軸　11
水車製粉　3
水分　66, 109
水分測定法　41
スウピン　155
末粉　6, 92, 171
スクウェアーシフター　88
スクラッチ　90
スクロース　61, 138, 157
スジコナマダラメイガ　105
スタンダード・ホワイト・ヌードル小麦　32
ステアリン酸　63
ストック　88
ストレート粉　92, 97
ストレート法　139
スパゲッティ　145
スペック　29
スペルト小麦　9
スポンジケーキ　154, 160
　——の品質評価　119
スポンジケーキ試験　118
スポンジケーキミックス　168
スポンジ法　141
スレオニン　47

精選　84
精選機　85
整地　10

生長リング　59
製パン改良剤　139
製パン法　139
製粉工程　84
製粉性　20, 44
成分組成　16, 99
製粉不適物　20
セイヨウワサビ　69
セパレーター　85
セモリナ　90, 96
セリアック病　77
セリンペプチダーゼ　68
セルフライジングフラワー　166
セルロース　17, 61
繊維　109
染色体数　7
せんべい　153, 162
千粒重　13, 40
全粒粉　93

そうめん　145, 149, 150
即席欧風めん　145
即席カップめん　145
即席中華めん　145
即席めん　145, 151
即席和風めん　145
ソース　165
ソーダクラッカー　159
粗タンパク質　43
そば　145, 149
ソバ粉　146
ソフトパン粉　169
ソフトビスケット　158
ソフト・ホワイト小麦　28
ソフト・レッド・ウインター小麦　28
ソルビトール　148
損失弾性率　124

## た　行

第1制限アミノ酸　76
大腸菌群　104
対立遺伝子　10
多価不飽和脂肪酸　77

ダーク・ノーザン・スプリング小麦　27
脱脂胚芽　128
脱脂粉乳　139
タバコシバンムシ　106
他銘柄粒　21, 40
ダル　89
単純脂質　62
炭水化物　16, 36, 56, 75, 99
単糖　61
タンパク質　16, 36, 43, 46, 75, 99, 109, 120
タンパク質含量　46
タンパク質分解酵素　68
ダンプ小麦　66
単量体　50

チアミン　78
地域団体商標制度　152
地域特産品認証制度　152
チクゴイズミ　26
チモフェービ系　7
チャイロコメノゴミムシダマシ　106
チャキ　98
チャパティ　136
虫害粒　21
中華めん試験　118
中華めん用粉　96
中国産小麦　34
中国の小麦粉　98
中麺生地法　142
中力粉　96
調質　86
調理加工品　163
調理パン　135
貯蔵　103
貯蔵可能期間　37
貯蔵条件　37
貯蔵性　35
貯蔵弾性率　124
貯蔵中の成分変化　36
沈降価　110

低アミロース小麦　25

低分子量グルテニンサブユニット 50, 51
低密度リポタンパク質 155
テイリング 90
手打ちめん 148
デザート・デュラム 29
テストミル 44
デニッシュドーナツ 136
デニッシュペストリー 135
手延べそうめん 150
手延べ干しめん 145
デヒドロアスコルビン酸 70
デュラム小麦 8, 18, 29, 69
デュラム・セモリナ 97, 145
転化糖 138
テンパリング 86
てんぷら 101, 163
天ぷら粉 168
デンプン 16, 56, 75, 170
デンプンシンターゼ 59
デンプン損傷 60, 109
デンプン分解酵素 66
デンプンめん 146
デンプン粒の構造 58
デンプン老化 60

ドイツ産小麦 33
ドイツの小麦粉 97
糖アルコール 158
唐菓子 5
等級 20, 24
ドウコーダー 121
糖脂質 64
登熟期間 11
特殊等級 26
特等粉 97
トコトリエノール 72
トコール 63, 72
ドーナツ 136, 154
ドライイースト 138
ドライパン粉 169
どら焼き 162
トリアシルグリセロール 63
トリティシン 55
採り分け 92

トルティーヤ 136
トレハロース 157

**な 行**

ナイアシン 71, 78
中種生地法(中種法) 141
生イースト 138
生パン粉 169
生麩 171
生めん 144, 150
生めん風即席袋めん 151
軟質小麦 18, 55
難消化性デンプン 75
南蛮菓子 5

二次加工性 20
二次加水 87
日本の小麦生産 23
日本めん用粉 96
日本めん用小麦 25
二糖 61
乳化剤 148
二粒系小麦 7, 8

ヌードル 146

熱損粒 21, 40
熱風乾燥 151
捻延 149
燃焼窒素分析法 43
粘着性生地 54
粘度安定剤 148

農林61号 26
ノシメマダラメイガ 105

**は 行**

パイ 155, 161
胚芽 14, 17, 127
——の利用 128
胚芽油 128
胚軸 14
バイツェンビール 6
胚乳 14, 17
ハイマルトテトラオース 157

バウムクーヘン 154
パウンドケーキ 155
包子 137
薄力粉 96
バゲット 134
播種 10
パスタ 145, 151
バター 138, 157
裸性 7
バターケーキ 154
バターロール 133
蜂蜜 158
麦角粒 20, 107
発芽率 41
発芽粒 20
発酵 122, 143
発酵バター 157
発酵パンの始まり 3
バッター 102
パテント粉 3
ハードビスケット 158
ハード・レッド・ウインター小麦 28
パネトーネ 135
パフペストリー 138
パーベイク法 143
バーミセリー 145
ハラジロカツオブシムシ 106
春小麦 18, 25
春播性 9
パルミチン酸 63, 77
ハルユタカ 26
春よ恋 26
パン 133
パンケーキミックス 167
パン粉 169
パン小麦 9
挽砕工程 89
パントテン酸 71
パン用粉 96

ビオチン 71
被害粒 20, 40
非極性脂質 62, 65
非グルテンタンパク質 48

索　引

比重　12
ビスケット　152, 158
ビスコグラフ　113
ひずみ硬化　122
微生物　104
ピタパン　136
ビタミン　71, 78, 99
ビタミン$B_1$　71, 78
ビタミン$B_2$　71, 78
ビタミン$B_6$　71, 78
ビタミンC　70, 121
ビタミンE　18, 71, 72, 128
ビタミンH　71
ビタミンM　71, 78
必須アミノ酸　75
ピッツァ　155
非デンプン多糖分解酵素　67
一粒小麦　1, 8
ビーフン　146
ヒメカツオブシムシ　105
ヒメマルカツオブシムシ　105
ひもかわ　145
ひやむぎ　145, 149
ビューラーテストミル　44
ピュリファイヤー　3, 90
ピュリフィケーション　89
ピューロチオニン　56
表示制度　152
漂白　99
表面タンパク質　18
表面レオロジー特性　123
ヒラチャタテ　106
ひらめん　145, 149
ピリドキシン　71
肥料　11
ピロシキ　136
品質検査　92
品質評価基準値　25
品質評価法（小麦）　38
品質評価法（小麦粉）　108
品質表示基準制度　152
品質保証　144, 163

麩　171
ファットスプレッド　156
ファリナ　96
ファリノグラフ　110
フィターゼ　69
フィトステロール　63, 73, 79
風車製粉　3
フェノール化合物　74, 79
フェルラ酸　74, 79
フォーリング・ナンバー　25, 114
複合脂質　62
ふすま　63, 129
　――の利用　129
ふすま除去機　93
普通系小麦　8
普通小麦　8, 24, 25
ブドウ糖　138, 157
不飽和脂肪酸　127
冬小麦　18, 25
フライ　164
フライアビリン　18, 55
フルクトオリゴ糖　138
ブラベンダーテストミル　44
フラボノイド　147
フラワー・カラー・グレーダー　108
フラワーペースト　169
ブランシフター　88
フランス産小麦　33
フランスの小麦粉　98
フランスパン　134
ふるい機　88
フルクタン　61
フルクトース　61
ブレーキロール　87
ブレーキング　89
ブレーチヒェン　134
プレッツェル　153, 159
プレミアム・ホワイト・ヌードル小麦　32
プレミックス　166
ブロックレット　58
プロピレングリコール　148
プロラミン関連低分子量タンパク質　55
プロリン　47

粉砕　87
分枝オリゴ糖　66
粉状質粒　18

ベクター　10
ベーグル　136
ベタイン　74
ペッカーテスト　108
別立て法　160
ペプチダーゼ　68
ヘミセルロース　17
ペルオキシダーゼ　69

ほいろ　143
膨潤　59
飽和脂肪酸　63, 77
ホクシン　25
ホスファチジルコリン　74
ホットケーキ　167
穂発芽　12, 28
穂盈期　11
ポーランド小麦　8
ポリアクリルアミドゲル電気泳動　50
ポリフェノールオキシダーゼ　69
ボーロ　154
ホワイト・クラブ　28

ま　行

マイコトキシン　35, 107
マーガリン　138, 156
マカロニ　145
マカロニ小麦　8
播性　9
マークアップ　24
マドレーヌ　154
マルトース　61, 66, 157
マルトース価　115
マルトトリオース　66
まんじゅう　154, 162
饅頭（マントウ）　137

ミキシング　120
ミキソグラフ　113

未熟粒　21
水あめ　138, 157
ミドリング　90
ミネラル　72, 78, 99
ミノルタ彩度計　108
ミルフィーユ　154
民間流通　24

麦漆　172
蒸しパン　137
蒸しまんじゅう　154
ムニエル　164
無漂白　99

銘柄　20, 24
銘柄区分　24
メイラード反応　157
目立ロール　89
メタロペプチダーゼ　68
メリケン粉　95
めん用粉　96
めん類　144

モチ性小麦　57

## や 行

焼麩　171
焼きまんじゅう　154
厄　150

野生小麦　1

有稃　7
遊離脂質　63
遊離脂肪酸　36, 65
油脂　138, 155
湯種法　143
ゆで槽　150
ゆで歩留り　117
ゆでめん　150
ゆでめん試験　116
ゆめちから　26
湯戻し　151
葉酸　71, 78

幼穂形成　11
容積重　13, 21, 40
ヨウ素酸カリウム　122
洋生菓子の衛生規範　104

## ら 行

ライ小麦　6
ラード　138
ラピッド・ビスコ・アナライザー
　　60, 114
ラメラ　58

リグナン　74
リジン　47, 76

リダクション　89
リノール酸　65, 77, 127
リパーゼ　68
リベット小麦　8
リポキシゲナーゼ　69
リボフラビン　71, 78
粒溝　12
粒度分布　108

ルー　102, 165
ルテイン　72

冷蔵生地法　142
冷凍生地法　142
レオロジー性状　110
老化　60

ロシア産小麦　34
ロータリーカーン　3
ローラーミル　87
ロールイン　138
ロール機　87
ロール式製粉機　4
ロールパン　133
ロング・パテント粉　92, 97

## わ 行

和菓子　162
ワキシー遺伝子　57

**著者略歴**

長尾 精一
（ながお せいいち）

1935年　東京都に生まれる
1959年　東京大学農学部農芸化学科 卒業
　　　　日清製粉株式会社に入社，製粉研究所長，理事，顧問などを歴任．
　　　　東京大学，京都大学，東北大学，日本大学，中央大学の非常勤
　　　　講師，穀物化学者協会（AACC）本部理事，製粉協会理事，
　　　　国際穀物科学技術協会（ICC）日本代表，AACC International
　　　　日本支部長などを兼務
現　在　一般財団法人 製粉振興会参与，IFTジャパンセクション監事，
　　　　AACC International 日本支部顧問など
　　　　農学博士，一級パン製造技能士

〔おもな編著書〕
『小麦とその加工』（建帛社，1984年）
『粉屋さんが書いた小麦粉の本』（三水社，1994年）
『小麦の科学（シリーズ食品の科学）』［編著］（朝倉書店，1995年）
『世界の小麦の生産と品質』上・下巻（輸入食糧協議会，1998年）
『小麦・小麦粉の科学と商品知識』（製粉振興会，2007年）
『小麦粉利用ハンドブック』（幸書房，2011年）
　　　　ほか多数

食物と健康の科学シリーズ
小麦の機能と科学　　　　　　　　定価はカバーに表示

2014年9月10日　初版第1刷
2020年12月25日　　第3刷

著　者　長　尾　精　一
発行者　朝　倉　誠　造
発行所　株式会社 朝倉書店
　　　　東京都新宿区新小川町6-29
　　　　郵便番号　162-8707
　　　　電　話　03（3260）0141
　　　　ＦＡＸ　03（3260）0180
　　　　http://www.asakura.co.jp

〈検印省略〉

Ⓒ 2014〈無断複写・転載を禁ず〉　　印刷・製本 東国文化

ISBN 978-4-254-43547-4　C 3361　　　Printed in Korea

**JCOPY** ＜出版者著作権管理機構 委託出版物＞

本書の無断複写は著作権法上での例外を除き禁じられています．複写される場合は，そのつど事前に，出版者著作権管理機構（電話 03-5244-5088，FAX 03-5244-5089，e-mail: info@jcopy.or.jp）の許諾を得てください．

## 好評の事典・辞典・ハンドブック

**感染症の事典** 　国立感染症研究所学友会 編　B5判 336頁

**呼吸の事典** 　有田秀穂 編　A5判 744頁

**咀嚼の事典** 　井出吉信 編　B5判 368頁

**口と歯の事典** 　高戸 毅ほか 編　B5判 436頁

**皮膚の事典** 　溝口昌子ほか 編　B5判 388頁

**からだと水の事典** 　佐々木成ほか 編　B5判 372頁

**からだと酸素の事典** 　酸素ダイナミクス研究会 編　B5判 596頁

**炎症・再生医学事典** 　松島綱治ほか 編　B5判 584頁

**からだと温度の事典** 　彼末一之 監修　B5判 640頁

**からだと光の事典** 　太陽紫外線防御研究委員会 編　B5判 432頁

**からだの年齢事典** 　鈴木隆雄ほか 編　B5判 528頁

**看護・介護・福祉の百科事典** 　糸川嘉則 編　A5判 676頁

**リハビリテーション医療事典** 　三上真弘ほか 編　B5判 336頁

**食品工学ハンドブック** 　日本食品工学会 編　B5判 768頁

**機能性食品の事典** 　荒井綜一ほか 編　B5判 480頁

**食品安全の事典** 　日本食品衛生学会 編　B5判 660頁

**食品技術総合事典** 　食品総合研究所 編　B5判 616頁

**日本の伝統食品事典** 　日本伝統食品研究会 編　A5判 648頁

**ミルクの事典** 　上野川修一ほか 編　B5判 580頁

**新版 家政学事典** 　日本家政学会 編　B5判 984頁

**育児の事典** 　平山宗宏ほか 編　A5判 528頁

価格・概要等は小社ホームページをご覧ください．